U0363100

上海理工大学系统工程发展史

上海市高水平学科建设（系统科学／管理科学与工程）资助项目

马良　高岩◎主编

立信会计出版社

内 容 简 介

本书主要从历史沿革角度阐述上海理工大学系统工程相关学科的发展历程,以 1979 年钱学森支持下创立的上海机械学院(上海理工大学前身)系统工程学科为源头,分别整理和厘清了系统工程、系统科学、管理科学与工程三个学科的肇始与渊源,挖掘了相应的数据资料并予以详尽梳理,给出了学科发展过程中的一系列重要转折性事件及重要人物,并总结阐述了学科多年来的建设概况及取得的成就。

本书可为各类院校的系统工程、系统科学、管理科学与工程等领域相关师生、专业人员提供参考,也可供社会相关行业与机构作为资料性与科普性读物。

图书在版编目(CIP)数据

上海理工大学系统工程发展史 / 马良,高岩主编.
—上海:立信会计出版社,2023.9
 ISBN 978 - 7 - 5429 - 7248 - 4

Ⅰ.①上… Ⅱ.①马…②高… Ⅲ.①上海理工大学
—系统工程—发展—技术史 Ⅳ.①N945 - 092

中国国家版本馆 CIP 数据核字(2023)第 177900 号

策划编辑　张巧玲
责任编辑　张巧玲
助理编辑　汪玉玲
美术编辑　吴博闻

上海理工大学系统工程发展史

SHANGHAI LIGONG DAXUE XITONG GONGCHENG FAZHANSHI

出版发行	立信会计出版社		
地　　址	上海市中山西路 2230 号	邮政编码	200235
电　　话	(021)64411389	传　　真	(021)64411325
网　　址	www. lixinaph. com	电子邮箱	lixinaph2019@126. com
网上书店	http://lixin. jd. com		http://lxkjcbs. tmall. com
经　　销	各地新华书店		

印　　刷	常熟市人民印刷有限公司		
开　　本	880 毫米×1230 毫米	1/16	
印　　张	14.75	插　页	4
字　　数	142 千字		
版　　次	2023 年 9 月第 1 版		
印　　次	2023 年 9 月第 1 次		
书　　号	ISBN 978 - 7 - 5429 - 7248 - 4/N		
定　　价	142.00 元		

《上海理工大学系统工程发展史》
编委会

名誉主编

丁晓东

主编

马　良　高　岩

参编人员

（按姓氏笔画排序）

刘　勇　刘媛华　张惠珍

赵敬华　智路平　魏　欣

助理

闫雪凝

信義勤愛
思學志遠

上海理工大学校训

（军工路）北校区 516 号大门

（军工路）南校区 334 号大门

原系统工程系（系统工程研究所）所在地

原系统科学与系统工程学院所在地

现管理学院所在地

前言 / PREFACE

当前，我国各大院校和科研机构在学科发展上正处于突飞猛进、蒸蒸日上的关键阶段，各项重要研究成果和技术发明层出不穷，彰显了我国进入新时期之后的科技水准和不断增强的综合国力。与此同时，关于各学科发展历史的梳理和总结却相对欠缺，目前仅有少数院校针对极个别学科有一些零散的著述问世。有鉴于此，本书针对上海理工大学具有悠久传承优势和特色的学科——系统工程及其衍生而来的"系统科学"和"管理科学与工程"两个一级学科博士点的发展，整理、挖掘和阐述了相关历史，总结了相关经验，并展望了未来前景。

众所周知，在当今时代，系统的概念已普及到各种科学领域并渗透到日常的思维、言谈和一些宣传中。系统思想在生产企业、社会经济、航空航天、军事、纯科学等广阔领域中起着支配的作用，并陆续出现了许多以系统设计、系统分析、系统工程等命名的职业和工作。系统工程思想肇始于贝尔实验室，此后在国防、宇航等重大领域中逐渐成为行业指导思想。系统科学致力于探索各种科学中"系统"和"系统性"的理论，是将各种自然、人工系统的运作规律进行数字化的尝试。系统工程与系统科学相辅相成，以不同领域的复杂系统为研究对象，从系统和整体的角度，探讨复杂系统的性质和演化规律，从而揭示各种系统的共性以及演化过程中所遵循的共同规律，发展优化和调控系统的方法，并进而为系统科学在科学技术、社会、经济、军事、生物等领域的应用提供理论依据。

管理科学与工程综合运用系统科学、管理科学、数学、经济和行为科学及工程方法，并结合信息技术，研究解决社会、经济、工程等方面的管理问题，兼顾管理理论与管理实践的紧密结合，侧重研究同现代生产、经营、科技、经济、社会等发展相适应的管理理论、方法和工具。

本书跨学科特征明显，形式多样，资料丰富翔实，内容推陈出新，并充分吸收当前相关学科的最新进展及主要观点，致力于为同行和相关院校、相关专业提供有益的参考。

鉴于涉及的数据资料繁多、历史年代久远，疏漏之处在所难免，敬希诸方指正，以俟将来补遗。

目 录 / CONTENTS

第 1 章　学科肇始

1.1　学校发展简史

1.1.1　学校概况

上海理工大学是一所以工学为主，理学、经济学、管理学、文学、法学、艺术学等多学科协调发展的上海市属重点应用研究型大学。2018 年，学校成为上海市"高水平地方高校"建设试点单位。学校长期依托、服务和引领行业产业发展，是装备制造、医疗器械、出版印刷行业骨干高校。学校的动力工程及工程热物理、光学工程、管理科学与工程等学科长期居于国内领先地位，在医疗器械和出版印刷两大领域具有深厚的行业基础。①

学校的办学文脉可追溯到 1906 年创办的沪江大学和1907 年创办的德文医工学堂。

1906 年，美国基督教南北浸礼会在上海浦江之滨创建沪江大学。1928 年，刘湛恩担任沪江大学首任华人校长，学校全面纳入中国国民教育体系。1949 年中华人民共和国成立后，沪江大学相关系科调整至华东各大院校，同时在

① 本书相关数据信息截至 2023 年 7 月。

沪江大学校址创办了上海工业学校，后依次更名为上海机器制造工业学校、上海机械专科学校（1959 年）、上海机械学院（1960—1994 年）、华东工业大学（1994—1996 年）。

1907 年，德国医生宝隆博士在上海现复兴路开设德文医学堂，1912 年增设工学堂。1922 年，中法政府在德文医工学堂原址上合办中法国立工学院。1945 年后，其与由重庆迁沪的国立高级机器职业学校合并，国立上海高级机械职业学校成立。1949 年中华人民共和国成立后，改制为上海高级机械职业学校，后依次更名为上海动力机械制造学校、上海机械高等专科学校（1983—1996 年）。

1996 年，华东工业大学和上海机械高等专科学校合并组建上海理工大学。1998 年，学校由国家机械工业部划归上海市管理。2003 年，上海医疗器械高等专科学校（已于 2015 年划出组建上海健康医学院）和上海出版印刷高等专科学校划归上海理工大学管理。

目前，学校占地面积近千亩，下设 17 个学院（部）。全日制在校生 27 000 余人，其中本科生 18 000 余人，研究生 9 000 余人；在校教职工 2 900 余人，其中：中国科学院、中国工程院院士 9 人（含双聘），国家级人才 75 人次，省部级人才 189 人次，高级职称教师 859 人，博士生导师 260 人。近年来，学校学科布局不断优化，现有 60 个本科专业、8 个一级学科博士学位授权点、6 个博士后科研工作流动站、27 个一级学科硕士学位授权点、18 个硕士专业学位类别；拥有 19 个国家级和 51 个省部级教学平台、7 个国家级和 34 个省部级科研平台。学校还是国内最早开办国际合作办学的高校之一，在校留学生近千人，与美国、英国、德国、加拿大、日本、澳大利亚、爱尔兰等 30 多个国家的170 余所高等院校建立了合作关系，建有中英国际学院和中德国际学院 2 个中外合作办学机构。

1.1.2　学校历任主要负责人

自沪江大学迄今，学校的历任主要负责人如表 1.1所示。

表 1.1　学校历任主要负责人

军工路校区 沪江大学→上海工业学校→上海机器制造工业学校→上海机械专科学校→上海机械学院→华东工业大学		复兴路校区 德文医工学堂→中法国立工学院→国立上海高级机械职业学校→上海高级机械职业学校→上海动力机械制造学校→上海机械高等专科学校	
主要负责人	任职时间	主要负责人	任职时间
柏高德（美）　校长	1906—1911	埃里希·宝隆（德） 总监兼总理	1907—1909
戴阼施（美）　代校长	1911—1911	福沙伯（德）　总监督	1909—1917
魏馥兰（美）　校长	1911—1928	梅　鹏（法）　校长	1920—1924
刘湛恩　校长	1928—1938	亨利·薛潘（法）　校长	1924—1940

（续表）

主要负责人	任职时间	主要负责人	任职时间
樊正康　校务长	1938—1939	张保熙　校长	1920—1924
樊正康　校长	1939—1946	胡文耀　代理校长	1924—1924
朱博泉　沪江书院院长	1942—1944	朱　炎　校长	1924—1927
郑章成　沪江书院院务长（主持工作）	1942—1944	李宗侗　代理校长 褚民谊　校/院长	1928—1928 1928—1939
郑章成　沪江书院院长	1944—1945	农汝惠　代理院长	1939—1940
凌宪扬　代校长	1944—1946	林祖欢　校长	1943—1945
凌宪扬　校长	1946—1949	陈廷骧　校长	1945—1946
余日宣　校务委员会主任	1949—1952	夏述虞　校长	1946—1949
李葵元　校长	1952—1954	杨铭功　校务委员会主任	1949—1951
李葵元　党委书记	1952—1956	薛绍清　校长	1951—1953
肖　流　校长	1954—1958	刘列夫　校长	1954—1954
肖　流　党委书记	1956—1958	余　慧（女）　党委书记	1952—1960
卞怀之　校长	1958—1961	余　慧（女）　校长	1955—1958
卞怀之　党委书记	1958—1961	肖　流　校长	1958—1959
魏士珍　院长	1961—1964	徐念初（女）　校长	1959—1979
魏士珍　党委书记	1961—1965	张培炎　党委书记	1960—1965
黄耕夫　院长	1964—1977	叶　民　党委书记	1965—1971
黄耕夫　党委书记	1965—1973	刘增山　党委书记	1971—1975
侯东升　党委书记	1973—1977	周根生　党委书记	1975—1979
张　华　党委书记	1977—1979	徐念初（女）　党委书记	1979—1979
王　琦　党委书记	1979—1984	阎仁杰　党委书记	1979—1983
陈之航　院长	1981—1987	陈恩荣　校长	1979—1983

(续表)

主要负责人	任职时间	主要负责人	任职时间
朱佳生　党委副书记 （主持工作）	1984—1987	陈恩荣　党委书记	1983—1993
朱佳生　党委书记	1987—1991	徐　强　校长	1983—1991
赵学端　院长	1987—1991	张忠赓　副校长 （主持工作）	1991—1993
汤亚栋　党委书记	1991—1996	张忠赓　党委书记	1993—1996
李燕生　校长	1991—1995	吴益和　校长	1993—1996

上海理工大学	
主要负责人	任职时间
吕　贵　党委书记	1996—2004
陈康民　校长	1995—2004
薛明扬　党委书记	2004—2008
许晓鸣　校长	2004—2012
燕　爽　党委书记	2009—2012
高德毅　党委书记	2012—2013
胡寿根　校长	2012—2017
沈　炜　党委书记	2013—2015
吴　松　党委书记	2015—2019
丁晓东　校长	2018 迄今
吴坚勇　党委书记	2020—2023
王凌宇　党委书记	2023 迄今

1.2 学院发展简史

1.2.1 学院概况

上海理工大学管理学院的主要前身为我国最早成立的系统工程研究所和自动化工程系，建制基础为 1979 年 2 月创建的上海机械学院自动化工程系。

1984 年，原自动化工程系改名为系统工程与自动化系，1985 年时更名为系统工程系。1992 年 5 月，系、所合并，成立系统科学与系统工程学院。

另一前身为商学院，其源头则可上溯至 20 世纪初的沪江大学商业管理系。1996 年年底，原华东工业大学商学院与原上海机械高等专科学校管理工程系合并组成新的商学院。

1999 年 5 月，系统科学与系统工程学院更名为管理学院。

2004 年，原上海医疗器械高等专科学校管理系划归管理学院。

2006 年 1 月，管理学院与商学院合并重组，成立新的管理学院，汪应洛院士任名誉院长、院务委员会主任。

2009 年，学校城市建设与环境工程学院交通工程系并入管理学院。2011 年，学院正式成为国际精英商学院协会（AACSB）会员。2016 年，学院获批"十三五"上海民政科研基地。2018 年 5 月，学院通过 AACSB 国际认证，标志着上海理工大学成为非教育部高校中首个通过 AACSB 国际认证的大学。

学院整体历史发展脉络如图 1.1 所示。

目前，学院下设机构包含信息管理与信息系统系（含信息管理与信息系统专业、人工智能专业）、工业工程系（含工业工程专业）、会计系（含会计学专业）、工商管理系（含中美合作的工商管理专业）、公共管理系（含公共事业管理专业）、金融系（含金融学专业）、财政税务系（含税收学专业）、国际经济与贸易系（含国际经济与贸易专业）、系统科学系（含系统科学与工程专业、管理科学专业）、交通系统工程系（含交通工程专业）、专业学位教育中心、高级管理者培训与发展中心（EDP）、管理学院实验中心、经济管理实验中心（国家级教学实验示范中心）、学院办公室、学生工作办公室。另设有上海系统科学研究院、中国机械工业会计审计研究中心、教育部国别和区域研究中心——中国周边经济研究中心、上海市人民政府发展研究中心——上海理工大学"基于互联网＋的上海创新发展"决策咨询研究基地、上海高校人文社会科学重点研究基地——

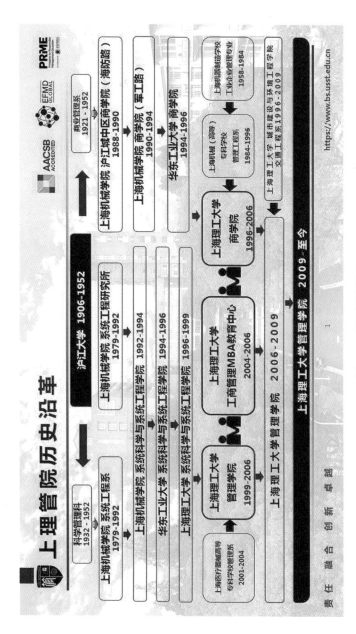

图 1.1　学院历史沿革

上海理工大学电子商务发展研究院、企业创新能力研究中心、超网络研究中心、复杂系统科学研究中心、创业教育研究中心等研究机构。

学院已实现多类型、多层次办学。类型上，可分为全日制和非全日制教育；层次上，可分为普通本科生、第二学位和第二专业学士学位教育、学术型和专业型硕士生教育以及博士生教育。

在学科上，涉及四个门类。

（1）管理学门类

现有管理科学与工程（一级学科博士点/硕士点，博士后流动站）、工商管理（一级学科硕士点）、公共管理（一级学科硕士点）三个管理学学位授权点。

（2）经济学门类

现有应用经济学（一级学科硕士点）经济学学位授权点。

（3）理学门类

现有系统科学（一级学科博士点/硕士点，博士后流动站）理学学位授权点。

（4）工学门类

现有交通运输工程（一级学科硕士点）、系统工程（二级学科硕士点）两个工学学位授权点。

此外，专业学位教育中心现有：工商管理硕士（MBA）、公共管理硕士（MPA）、工程管理硕士（MEM）、会计硕士（MPAcc）、金融硕士（MF）、国际商务硕士（MIB）、税务硕士（MT）、交通运输硕士、工业工程与管理硕士、项目管理硕士、物流工程与管理硕士共 11 个专业硕士学位授权点。

1.2.2　学院历任主要负责人

自 1979 年以来，学院的历任主要负责人如表 1.2 和表 1.3 所示。

表 1.2　党务正副职人员

年份	部门	正职	副职
1979—1980	自动化工程系、系统工程与自动化系、系统工程研究所	史雅根	程丕谟
1981		史雅根	程丕谟、苏　醒（兼副书记、代理书记）
1982—1984		史雅根	程丕谟
1985—1986	系统工程系、系统工程研究所	史雅根	侯建明
1987		邹岳华	侯建明
1987—1992	系统工程系	邹岳华	侯建明（1987—1988）胡迪彪（1988—1989）刘祥英（1989—1992）
1987—1992	系统工程研究所（二级独立建制）	于东亮	

（续表）

年份	部门	正职	副职
1992—1999	系统科学与系统工程学院、系统工程研究所	程丕谟	李四忠
1999—2006	管理学院、系统工程研究所	邱喜生	李建东（1999—2002） 申相德（2002—2003） 李　妍（2003—2006）
2007	管理学院　党总支	侯建明	李　妍（3 月止） 沙　军（4 月起）
2008—2010		侯建明	沙　军
2011		侯建明（4 月止） 雷良海（4 月起）	沙　军
2012		雷良海	沙　军（7 月止） 刘德强（7 月起）
2013		雷良海	刘德强（8 月止） 姚秀雯（8 月起）
2014—2016		雷良海	姚秀雯
2017	管理学院　党委	雷良海（4 月止） 汪　维（4 月起）	姚秀雯 周溪召（6 月起）
2018—2019		汪　维	姚秀雯、周溪召
2020		汪　维	姚秀雯（3 月止） 周溪召（2 月止） 赵来军（3 月起） 蒲莹莹（4 月起）
2021—2022		汪　维（8 月止） 马静波（8 月起）	赵来军、蒲莹莹
2023—		马静波（8 月起）	赵来军、蒲莹莹

表 1.3　行政正副职人员

年份	部门	正职	副职
1979—1984	自动化工程系、系统工程与自动化系、系统工程研究所	车宏安	张岫云、苏　醒（1979—1984）陆乾庆（1982—1984）曾伙发（1980—1984）冯秀英（1984—1985）
1985—1987	系统工程系、系统工程研究所	车宏安、程守焘	王其藩、周佩深、冯秀英、范炳全
1987—1992	系统工程系	车宏安	王其藩、肖承忠、朱自强、金瑞龄
	系统工程研究所（二级独立建制）	程守焘	蔡　鹏、范炳全
1992	系统科学与系统工程学院、系统工程研究所	汪应洛（名誉）	范炳全（主持工作）、徐福缘（1992.5—1992.10）、肖承忠、金瑞龄
1993		车宏安	范炳全、肖承忠、金瑞龄
1994		车宏安	徐福缘（常务、主持工作）、范炳全、肖承忠、金瑞龄、王恒山
1995		顾国庆	徐福缘（常务、主持工作）、范炳全、金瑞龄、王恒山
1996—1999		顾国庆	金瑞龄、王恒山、朱自强
1999—2002	管理学院、系统工程研究所	汪应洛（名誉）	王恒山（主持工作）、严广乐、邱喜生、姚俭
2003		汪应洛（名誉）王恒山	严广乐、邱喜生、叶春明
2004		汪应洛（名誉）王恒山	严广乐、叶春明

（续表）

年份	部门	正职	副职
2005		王恒山	严广乐、叶春明
2006	管理学院	汪应洛（院务委员会主任）王恒山（常务）	叶春明、魏景赋（9 月止）、杨坚争（12 月起）
2007		汪应洛（院务委员会主任）王恒山（常务）	叶春明、杨坚争
2008		汪应洛（院务委员会主任）王恒山（常务）	叶春明、高 岩（5 月起）
2009		汪应洛（院务委员会主任）王恒山（常务，8 月止）高 岩（常务，8 月起）	叶春明、杨坚争
2010		汪应洛（院务委员会主任）高 岩（常务）	叶春明、杨坚争、严广乐（5 月起）
2011		汪应洛（院务委员会主任）高 岩（常务）	叶春明、杨坚争、严广乐；学术副院长：孙绍荣（5 月起）
2012		汪应洛（院务委员会主任）高 岩（常务）	叶春明、杨坚争、严广乐；学术副院长：孙绍荣
2013		汪应洛（院务委员会主任）高 岩（常务）	叶春明、杨坚争（9 月止）、严广乐、张永庆（9 月起）；学术副院长：孙绍荣

（续表）

年份	部门	正职	副职
2014		汪应洛（院务委员会主任） 高　岩（常务）	叶春明、严广乐、张永庆；学术副院长：孙绍荣（6月止）
2015—2016		汪应洛（院务委员会主任） 高　岩（常务）	叶春明、严广乐、张永庆
2017		汪应洛（院务委员会主任） 高　岩（常务）（2月止） 周溪召（2月起）	叶春明、严广乐（2月止）、张永庆、张　峥（2月起）
2018—2019		汪应洛（院务委员会主任） 周溪召	叶春明、张永庆、张　峥
2020		汪应洛（院务委员会主任） 周溪召（3月止） 赵来军（3月起）	叶春明（7月止）、张永庆、张　峥、何建佳（7月起）
2021—2022		汪应洛（院务委员会主任） 赵来军	张永庆（11月止）、张　峥、何建佳、赵　靖（11月起）
2023		汪应洛（院务委员会主任）（7月止） 赵来军	张　峥、何建佳、赵　靖

1.2.3　院学位委员会与学术委员会

(1) 院学位委员会

2021 年至今

主任：

赵来军

副主任：

张永庆（2023 年 7 月止）　　张　峥（2023 年 7 月起）

委员（按姓氏笔画排序）：

马　良　　叶春明　　刘　斌　　赵　靖　　高　岩

韩　印　　雷良海

秘书：

许　静

(2) 院学术委员会

2021 年至今

主任：

汪应洛（院士）（2023 年 7 月止）

副主任：

赵来军

成员（按姓氏笔画排序）：

干宏程　马　良　叶春明　刘　斌　张永庆(2023 年止)
何建佳（2023 年起）　张　峥　赵　靖　高　岩
韩　印　雷良海　魏国亮

秘书：

智路平

1.2.4　部分获省市级以上荣誉称号与学术职衔人员

国务院学科评议组成员：

高　岩　　丁晓东（兼召集人）

教育部教学指导委员会委员：

吴　忠　刘　斌

全国优秀教师：

徐福缘　高　岩

国家自然科学基金优秀青年基金获得者：

赵　靖

教育部"新世纪优秀人才支持计划"：

赵来军

教育部高校骨干教师：

周溪召

王宽诚育才奖：

赵来军

机械部跨世纪学术带头人：

高　岩　　雷良海

中国机械工业青年科技专家：

高　岩　　严广乐　　马　良

教育部霍英东教育基金青年教师奖：

高　岩　　张卫国

机电部优秀科技青年：

严广乐　　马　良

机电部优秀青年教师：

马　良

宝钢优秀教师：

马　良　　吴　忠　　周溪召　　叶春明

上海市领军人才：

徐福缘　　吴　忠（后备人选）

上海市教学名师：

张卫国　　杨坚争　　吴　忠

上海市劳动模范：

徐福缘

上海市学科评议组成员：

赵来军　　马　良　　雷良海　叶春明

上海市曙光学者：

雷良海　　马　良　　周溪召　　吴　忠　　赵来军

干宏程　　赵　靖

上海市育才奖：

马　良　　吴　忠　　周溪召　　陈　荔

上海市教育系统首届"科研新星"：

赵来军

上海市浦江人才计划：

赵来军　　赵　靖　　陆　芷　　章　程

上海市高校优秀青年教师：

雷良海　　严广乐　　马　良　　陈　荔

上海市青年拔尖人才计划：

赵　靖

上海市青年科技启明星计划：

房志明

上海市青年科技英才扬帆计划：

王嘉文　　黄中意　　秦佳良　　叶　锐

上海市晨光计划：

尹　裴

上海市东方学者：

霍良安　杨会杰　顾长贵

1.2.5　人物简介

(1) 汪应洛（中国工程院院士）院务委员会主任、院学术委员会主任

1930 年 5 月生。汪应洛院士长期担任管理学院院务委员会主任，为学院发展建设提供了战略规划思路和具体工作指导。其早在 2011 年就提出管理学院要筹备 AACSB 国际认证，强调学院应加强开展国际化办学，以及学院在 MBA、工程管理等专业学位办学中品牌建设的重要性。提出学院人才引培战略，特别强调了海外人才、青年人才的引进与培养工作的重要性，并建议加强研究生培养质量，提升科研学术水平和学科建设竞争力。2003 年当选为中国工程院院士。先后任国务院学位委员会管理科学与工程学科评议组召集人、国家自然科学基金委管理学科评审组组长、《中国工程科学》杂志编委、全国工商管理硕士学位指导委员会顾问、

全国软科学指导委员会委员、中国系统工程学会副理事长、中国机械工程学会常务理事兼工业工程分会主任委员、机械工业部先进制造技术研究中心系统管理及集成研究室首席专家、长江三峡工程重大科学技术研究专家组专家；是第一批获国务院政府特殊津贴的著名专家学者。2001 年获中国机械工程学会科技成就奖；2008 年获中国科学院与中国工程院联合颁发的光华工程科技奖；2012 年获中国系统工程学会颁发的第一届系统科学与系统工程终身成就奖，中国机械工程学会颁发的终身成就奖；2015 年获复旦管理学终身成就奖；2022 年获第八届中国管理科学学会管理科学奖特殊贡献崇敬奖。2023 年 7 月 11 日，病逝于西安，终年 94 岁。

（2）车宏安（教授）

1933 年 3 月生。历任自动化工程系主任、系统工程与自动化系主任、系统工程研究所所长、系统工程系主任、系统科学与系统工程学院院长。

车宏安教授于 1979 年创建的上海理工大学自动化工程系及系统工程研究所，是国内最早成立的系统科学与系统工程教学与科研机构。开办的系统工程师资班，是国内恢复高考后最

早采用成套智力引进方式的中外合作办学项目。1989 年主
持的项目"创建系统工程新兴专业"获上海市普通高等学
校优秀教学成果特等奖。1996 年主持的项目"科学方法研
究"获机械工业部科技进步三等奖。负责主编的《系统科
学》一书获 2002 年第十三届中国图书奖。2005 年年届高龄
时，仍亲自出面联合全国优势力量，组建了上海系统科学
研究院。2023 年获第六届中国系统科学与系统工程终身成
就奖。

1.3　学科历史渊源

1.3.1　主要历史事件

1978 年年初，学校成立由车宏安、宋明、杜维华等人
组成的系统工程专业筹建组，开始进行调研工作，并召开
研讨会，讨论了专业方向和教学计划等问题。1978 年
10 月，为期一年的系统工程师资进修班及系统工程研讨班
举办，国内共有 61 个单位的 100 余名学员参加研讨。同期，
美国专家巴塔特到校讲学，进一步宣传和共同研讨系统工
程这门新兴学科。

1979年2月，自动化工程系正式成立，设置系统工程、工业自动化仪表和计算机应用3个专业。1979年7月，美国麻省理工学院斯隆管理学院代表团到校访问并签订合作协议意向。同时，学校与北京自动化研究所在芜湖联合召开全国自动化学会第二次系统工程学术会议，加强了系统工程的学术研讨工作。1979年9月，"系统工程"专业首届新生入学，共招收33人，上海理工大学也成为全国最早招收系统工程本科生的院校之一。1979年10月，系统工程进修班（师资班）开班，这是国内最早采用成套智力引进、直接用英语授课的班级（对外称MBA班）。1979年11月，系统工程研究所成立，形成了一套班子两块牌子的领导体系，著名科学家钱学森专程到校考察系统工程本科专业学生培养工作，并在上海机械学院系统工程研究所成立大会上发表讲话（图1.2）。

1979年12月，学校与美国麻省理工学院斯隆管理学院正式签订校际合作协议，成功建立中外合作办学项目，学校邀请了多名国外教授到校讲学，如美国威斯康星大学的张宗浩教授等，国际学术交流工作空前活跃。首届系统班学生实习合影如图1.3所示。

1979年9月，首届系统工程进修班（师资班）结业合影如图1.4所示。

怎么检验你这个真理标准？理论只能从实践中来，然后进一步指导实践，为实践服务。所以系统工程是实践的科学技术，这一点也是很重要的。当然为了实践，为了建立这么一门改造客观世界的重要的工程技术，我们要敢于创造新的理论。

我在北京的会上跟车宏安同志交谈的时候，我给他鼓劲，他说得很谦虚了，说是你们这个系只有 50 个教师。你可够多的了。我记得从前我在美国建立火箭技术，也算个专业吧，我开始搞那个专业时才 4 个人，包括一个秘书，做教学工作的只有 3 个人。我只有 4 个人，你是 50 个人，你比我 10 倍还要多！当然，那个时候 4 个人搞起，现在，就以我们国家从事火箭技术教学的人来讲，远远超过不知道多少倍，恐怕千倍都有了。所以一切事物只要它的方向是对的，是社会的需要，那你就放开胆子干。听说你们开始招了系统工程专业的一年级学生，我表示钦佩，这个精神好。放开胆子干，不要顾虑这个，顾虑那个。当然，我们在干的当中会犯错误，哪有一点不犯错误，那是不可能的，错了就改嘛！没有什么关系。只有勇于实践，才能够更快更好地来完成我们的任务。所以，今天能够参加这个会是感到很高兴的，对机械学院成立系统工程研究所表示祝贺！

1979 年 11 月 30 日

（收录于钱学森等著《论系统工程》，湖南科学技术出版社1982年出版）

图 1.2　钱学森（右二）出席成立大会并作学术报告

图 1.3　首届（79 级）系统班学生赴太原重型机器厂实习合影

图 1.4　首届（79 级）系统工程进修班、师资班结业合影

1980 年 1 月，汪应洛、戴鸣钟参加中国工商行政管理代表团访美。同年，中国系统工程学会举行成立大会，并决定设立中国系统工程学会教育及普及工作委员会，上海机械学院为挂靠单位（图 1.5），车宏安为常务副主任。

120　　　　　　　　　　　　　　　　　　　　　　　　　上海机械学院学报

中国系统工程学会成立，我院被推为中国系统
工程学会教育和普及工作委员会挂靠单位

　　为了促进系统工程的理论和实践的进一步发展，1980 年 11 月 18 日在北京召开了中国系统工程学会成立大会。多年来，我国在系统工程的研究和应用，以及系统工程人才培养方面，都取得了一定的成绩。1979 年 10 月在北京召开了全国性的系统工程学术讨论会，会上钱学森、关肇直、吴文俊等 21 位著名科学家倡仪成立中国系统工程学会。经一年多的酝酿和积极筹备，召开了这次成立大会。这次会议收到三十五篇学术论文，分别在全体会议和分组会上宣读。我院系统工程教研室刘国祥同志的《全厂合同产品的生产总进度计划编制和调整系统》被列为全体会议报告的论文，车宏安同志的《系统工程教育实践的初步报告》在理论组报告。会议选出著名科学家和著名经济学家薛暮桥为名誉理事长，选出著名数学家关肇直为理事长，聘请汪道涵、张劲夫、于光远、马洪、孙友余、姜坚等九位领导干部和著名专家为顾问。我院被推为中国系统工程学会教育和普及工作委员会挂靠单位。

图 1.5　学院被批准为中国系统工程学会教育及普及工作委员会挂靠单位

1981 年，学院与包括麻省理工学院在内的多个美国、加拿大高校合作，开始举办全英文授课 MBA 项目，该项目随后被美国《华尔街日报》（1983）誉为"此举开创了中国 MBA 教育的先河"。此后，历届校友在商界、学界、政界

建树颇多,影响遍及五洲。1981 年,上海机械学院系统工程第一期师资班毕业(图 1.6)。

图 1.6 上海机械学院系统工程第一期师资班毕业(部分师生合影)

1982 年,学院集多位教师之力共同合作开发的运筹学、管理科学程序库程序集(图 1.7)入选机械工业部重要成果汇编。

1983 年 12 月,机械工业部批准系统工程研究所为校内二级机构,并确定为机械工业部开展系统工程研究和应用技术的对口单位,接受上海市下达的系统工程研究任务。研究所下设系统模拟、应用软件、智能控制系统、电子

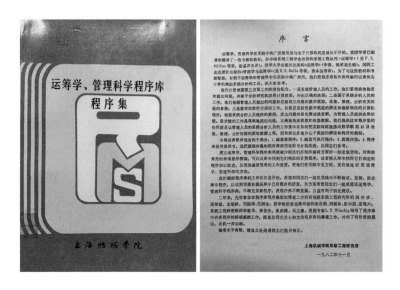

图 1.7　运筹学、管理科学程序库程序集（成果资料）

技术应用和自动控制等 5 个研究室。研究所的主要研究方向有：大型成套设备系统工程研究、工程系统工程理论和应用、管理信息系统理论研究和开发、图论和网络理论和应用、社会经济系统工程、系统模拟、目标规划、交通系统工程、经济控制论、系统理论、系统动力学理论和应用等。同年，研究所承担了宝钢 2050 项目，随后又陆续承担了机械工业部下达的大型重点工程设备系统工程、上海市科委下达的振兴电子工业和发展上海地区大规模集成电路工业等多项课题任务。

　　1984 年 10 月，学校成立计算机系，计算机应用专业由自动化工程系划归计算机系，同时将自动化工程系改名为系统工程与自动化系。同年，系统工程学科获（工学）硕士学位授予权，并开始招收研究生，连续三年招收了三届联合培养的系统工程研究生班，由美国教师用英语直接讲授专业课，共计毕业 101 人。

1985 年，工业自动化仪表专业划归学校的仪器仪表系，系统工程与自动化系则改名为系统工程系，下设生产系统工程、管理工程、系统动力学、管理数学（运筹）、大系统理论和应用 5 个教研室以及教育系统工程学科，并配备了实验室和资料室。同年，举办"经营管理与系统工程"成人教育函授班。另外，当年获得中国科学院自然科学基金资助项目："图和网络在系统工程中的应用"（赵永昌）、"大型成套项目系统工程的应用和理论研究"（程守焘）、"系统动力学理论研究及其在构造我国系统动力学模型的应用"（王其藩）。

1986 年 12 月，国务院重大技术装备领导小组办公室就宝钢二期工程设备冷轧机项目首战告捷下发简报，表彰了上海机械学院系统工程研究所的课题组。该项目采用网络计划技术，使生产周期缩短了五分之一。

1987 年，中国系统工程学会教育系统工程专业委员会在广州举行成立大会，朱佳生当选为常务副主任，王世玲为委员兼秘书长。同年，学校成立教育系统工程研究室。

1987 年 6 月，第 15 届国际系统动力学会议在学校召开，15 个国家和地区的 200 多名代表与会，上海市副市长倪天增到会并讲话。同时，学校批准系统工程研究所为单独建制，将原先的 5 个研究室改名为综合研究室、系统工程应用研究室、系统理论研究室、计算机应用研究室、系统分析研究室，专门从事科研工作，并从当年起一直到 1991 年，连续承担由国家科委下达的重大咨询研究课题。1987 年 12 月，系统工程楼竣工，建筑面积 4 533 平方米。另外，从 1987 年起，学院连续招收了三届企业系统工程在职硕士研究生课程班、一届教育系统工程在职硕士研究生课程班以及一届企业系统工程专业证书班。

1988 年 1 月，学院增设了高等教育管理专业，可授予第二学士学位。1988 年 11 月，机械工业部批准系统工程学科为部级重点学科。同年，国务院重大技术装备领导小组、国家计经委、宝钢联合工程办公室、冶金工业部和国家机械委联合召开表彰大会，对系统工程研究所在 2050 成套设备研制任务中所承担的相关研究工作和取得的明显经济与社会效益予以了表彰，充分肯定了研究所把国外先进的系统工程理论与系统管理技术首次应用于国家重大技术装备研制项目中的做法，确保了 2050 成套设备研制任务按质、按量、按期完成。

系统工程 84 级、85 级研究生毕业合影如图 1.8 所示。

(a)

(b)

图 1.8　系统工程 84 级、85 级研究生毕业合影

1989 年 2 月，系统工程学科在系统工程专业建设总结汇报会上通过了专家评审。4 月 1 日，马重光、赵建中负责的国家级课题宝钢 1900 连铸机系统工程研究项目通过国务院重大办主持的国家级鉴定，获国务院重大设备成果特等奖，并获得机电部和冶金部的联合表彰。

1990 年，教育管理学获得硕士学位授予权。范炳全、钱省三等主持的"中国微电子技术应用前景预测"项目获上海市科技进步二等奖、国家科技进步二等奖（图 1.9）；程守泰主持的"系统工程 f140 在连续轧管成套设备研制中的应用"项目获上海市科技进步三等奖、"系统工程在 f140 连续轧管机成套装置研制中的实践"项目获机械委科技进步三等奖；车宏安、范炳全主持的"提高上海地区大规模集成电路各项指标的综合途径"项目获上海市科技进步三等奖；赵永昌、吴稼豪主持的"城市公共交通干线网络优化评价系统"项目获机械工业部科技进步三等奖；赵建中负责的"上海市矿煤灰合理利用途径的分析"项目获上海市科技进步三等奖；戴谊等参加的"机械产品质量的系统分析"项目获机电部科技进步三等奖；徐福缘负责的"关系模式及 DBASEIII 数据库自动生成系统 - GRAND"项目获上海市科技进步三等奖。1990 年 5 月，由上海机械学院、美国印第安纳大学及韩国西江大学联合发起的"企业管理比较研究国际讨论会"在学校召开，这是因学校国际合作

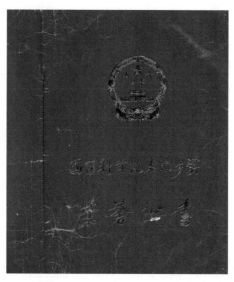

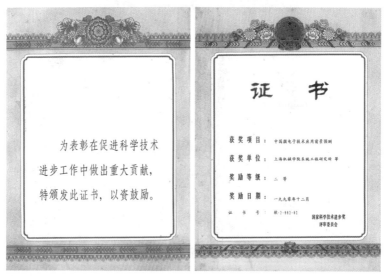

图 1.9　国家科技进步二等奖证书

项目"全球性生产实际情况调查与企业管理的比较研究"
而组织的国际会议。同年，学校还召开了"中日熵理论与
应用学术讨论会"，并出版了相应论文集。此外，学校还与
北京师范大学、国防科技大学一起联合组织举办了第一届
系统理论学术交流会，这是系统理论方面的第一次全国性
学术会议。

1992 年 5 月，经机械电子部教育司批准，系统工程系
和系统工程研究所建制合一，成立系统科学与系统工程
学院。

1993 年，工业工程、非线性系统（实验与理论）两个
学科分别获工学和理学硕士学位授予权，并增加了工业工
程、国际企业管理两个本科专业。孟建柱、徐福缘的
"2000 年前川沙县外向型经济发展的战略研究"获上海市农
村科技进步二等奖。

1994 年，徐福缘等人的"优化企业管理信息系统投资
效果的决策模型和系统研究"项目获上海市科技进步二等
奖；孙绍荣的"知识学习的信息加工模型及其应用"项目
获上海市社会科学优秀成果三等奖。

1995 年，张逸民的"上海市工业产业结构调整中流动
资金优化控制与专家决策系统"项目获上海市决策咨询研
究成果三等奖。徐福缘、车宏安等人的"计算机集成制造
系列 CIMS 总体设计方法工具"获上海市科技进步三等奖。

1996 年，非线性系统（实验与理论）获批机械工业部重点学科。同年，机械工业部在上海理工大学设立了"中机上海斯隆商学院"，与美国麻省理工学院斯隆管理学院合作，连续举办了七期"现代企业经营与战略管理"高级经理培训班，培养了一批具有国际管理知识和国际视野的高级管理人才。车宏安等人的"科学方法研究"获机械工业部科技进步三等奖。

1997 年，商学院与（原）上海机械高等专科学校的管理工程系合并，成立新的商学院。同年，高教管理（教育系统工程）第二学士学位专业的创建获上海市高校教学成果二等奖。

1998 年 6 月，管理科学与工程（一级学科）获博士学位授予权（含同名一级学科硕士点）。同年，国务院学位委员会对全国的学科点名称进行了合并。孙绍荣的《高等教育入学率与人均国民生产总值的关系》获 1998 年度上海市社会哲学优秀论文成果三等奖；徐福缘的"改善上海市高校毕业生就业供需关系的思考和系统研制"获上海市科技进步三等奖；顾国庆等人的"复合介质界面非线性性质研究"获机械部科技进步三等奖。

1999 年 5 月，学院更名为管理学院。陈康民等人的"适应市场经济体制，完善自我发展机制，加速高校的改革与发展研究"分别获上海市科技进步三等奖和国家机械局科技进步三等奖。

2000 年，经上海市教委批准，管理科学与工程成为上海市教委第四期重点学科。2000 年 5 月，工商管理专业获第二学士学位授予权，并于 2003 年 9 月开始招生。2000 年，顾国庆、余建华的"非线性复合介质输运性质的研究"获上海市科技进步三等奖。

2001 年，孙绍荣的《教育信息理论》获上海市第七届教育科学优秀成果著作三等奖。

2003 年 10 月，学校被国务院学位委员会确定为工商管理硕士（MBA）学位培养单位，并于 2004 年秋季招生 29 人。2003 年 12 月，由国家人事部批准，管理科学与工程博士后科研工作流动站设立。此外，按学校要求，学院之前下设的所有教研室全部改称研究所，其中系统科学研究所首任所长由马良教授担任（2003 年 10 月—2006 年 1 月）。

2004 年，（原）上海医疗器械高等专科学校管理系划归管理学院。同年 4 月，第一位管理科学与工程博士后进站工作。同年，学院成立了工商管理（MBA）教育中心。

2005 年 1 月 22 日，由中国科学院系统科学研究所和上海理工大学合作共同组建，并由钱学森亲自题词命名的"上海系统科学研究院"在学校挂牌成立，上海市副市长严隽琪和上海市教委副主任王奇等出席了揭牌仪式，钱学森、吴文俊两位院士同时发来了贺信和贺词。研究院院长由中科院数学与系统科学研究院院长郭雷院士和上海理工大学校长一起担任；副院长由高小山（中科院系统科学研究所所长、研究员）、汪寿阳（中科院数学与系统科学研究院常务副院长、研究员，中国系统工程学会副理事长）、王恒山（上海理工大学管理学院院长、教授）三人担任；共同院长（按姓氏笔画为序）由于景元（国务院学位委员会委员、系统科学学科评议组成员、中国航天科技集团公司 710 所研究员）、王众托（中国工程院院士、大连理工大学系统工程研究所教授）、方福康（国务院学位委员会委员、系统科学学科评议组召集人、北京师范大学前校长、教授）、刘源张（工程院院士、中科院数学与系统科学研究院研究员）、祁国宁（国家 863 计划自动化领域专家委员会专家、浙江大学教授）、汪应洛（中国工程院院士、管理科学与工程学科评议组召集人）、顾基发（国际系统研究联合会主席、中科院数学与系统科学研究院研究员）、戴汝为（中科院院士、系统科学学科评议组召集人）共 8 人担任；执行院长和秘书长由车宏安（上海理工大学系统科学与系统工程学院前院长、教授）担任。5 名院士、20 多名知名专家出席了上海系统科学研究院成立大会（图 1.10），并分别在上海和北京多次召开了学术委员会会议。同年，学院新增了物流工程、项目管理两个工程硕士学位点，以及管理科学与工程教师系列专业硕士点。

图 1.10　上海系统科学研究院成立大会（2005）

2006 年 1 月，管理学院与上海系统科学研究院、商学院、工商管理硕士（MBA）教育管理中心合并重组，成立新的管理学院，并在原学院下设的各个研究所之上增设系级建制，形成学院、系、研究所三级架构，其中，系统科学系（下辖系统科学研究所）主任由严广乐教授担任（2006 年 2 月—2012 年 1 月），管理科学与工程系（下辖信息管理与信息系统研究所、工业工程研究所）主任由马良教授担任（2006 年 2 月—2012 年 1 月），其他系从略。同年，学院获批系统分析与集成（二级学科）理学博士点以及系统科学、应用经济学、公共管理一级学科硕士点。

2007年，学校获批国家级经济管理实验教学示范中心。同年，与澳大利亚国立南澳大学、美国费尔菲德大学合作，启动交流生项目。徐福缘等人的"面向知识创新和大批量定制的知识管理方法研究及应用"获上海市科技进步二等奖。

2008年，学院应用经济学学科被列入上海市教委重点学科建设。徐福缘等人的"基于供需网的大批量定制生产方法及系统研究"获中国机械工业科技进步三等奖、"多功能开放型企业供需网及其在轻工与食品企业中的应用"获上海市科技进步二等奖；孙绍荣等人的"上海人力资源公共服务平台构建及运行机制研究"获上海市科技进步三等奖。

2009年，管理科学与工程、系统分析与集成两个博士点学科成为上海市重点学科。同年，第一届复杂科学国际会议（图1.11）在我校举行，这是复杂性科学领域的一场高层次国际会议。徐福缘等人的"用多功能开放型企业供需网模式推进实施大批量定制生产方法研究及应用"获教育部科技进步二等奖。

2010年，学院获批公共管理硕士（MPA）专业学位点。

2011年，学校与瑞典布罗斯大学（University of Boras）工商与信息管理学院、加拿大皇家路大学（Royal

图 1.11　第一届复杂科学国际会议会场一角

Roads University）签订协议，开展本科双学位教育合作办
学项目；同年，获批工商管理、交通运输工程两个一级学
科硕士点以及工程管理硕士（MEM）专业学位点。孙绍荣
教授的"机制设计技术及在大型研发设备共享机制建设中
的应用"获上海市科技进步三等奖。

　　2012 年，管理科学与工程、系统分析与集成两个博士
点学科被列入上海市高校一流学科建设。同年，按学校要
求，学院撤销研究所之上的系级建制，将各研究所改为系，
形成学院和系的二级架构，并由王波教授任系统科学系主
任、马良教授任信息管理与信息系统系主任、吕文元教授

任工业工程系主任。徐福缘等人的"基于神经科学与供需网新特征的企业生产经营管理及应用"获上海市科技进步三等奖；杨坚争等人的"网上交易管理办法研究"获上海市决策咨询研究成果三等奖；孙绍荣等人的"构建机制的制度工程化设计技术及在大型设备及网络资源等共享机制中的应用"获上海市科技进步奖三等奖。

2013 年，中瑞双学位项目正式启动，首届中瑞班的瑞典学生来院学习。刘武君、张海英、樊重俊等人的"大型空港信息化建设与运营关键技术与应用"获中国机械工业科学技术进步二等奖。

2014 年，学院获批金融硕士（MF）专业学位点。

2015 年，学院成为上海市工程管理学会挂靠单位。"系统科学"学科与"管理科学与工程"学科分别获批上海市高峰学科、上海市高原学科。同年，首届中瑞班瑞典学生顺利毕业并获信息管理与信息系统专业学士学位。杨坚争等人的"电子支付立法研究"获上海市决策咨询二等奖。

2016 年，学院获批"十三五"上海民政科研基地、国家级虚拟仿真实验教学示范中心。孙绍荣、耿秀丽等人的"基于结构计算的制度工程及在重大工程项目中的应用"获上海市科技进步二等奖。赵靖、韩印等人的"高密度城市道路网络交通阻塞解析理论与综合改善技术"获高等学校科学研究优秀成果二等奖。

　　2017 年，教育部第四轮学科评估结果公布，系统科学学科位居全国第 3（等级 B），管理科学与工程学科位居全国第 19（含并列，等级 B＋）。同年，获批教育部国别和区域研究中心——中国周边经济研究中心。杨坚争等人的"对接行业、共享资源——经管类虚拟仿真实验教学平台建设探索"获上海市教学成果一等奖。

　　2018 年，上海理工大学管理学院正式通过国际精英商学院协会（AACSB）的国际认证（图 1.12）。"系统科学"获批一级学科博士学位点、上海市高水平地方高校试点建设项目、上海市高水平大学建设创新团队（4 个），"管理科学与工程"获批上海市高原学科建设项目。"工业工程"专业获"上海市属高校第六批应用型本科试点专业建设"立

图 1.12　学院通过 AACSB 的国际认证合影

项。孙绍荣教授的 *Five Basic Institution Structures and Institutional Economics*（《五种基本制度结构与制度经济学》）一书获上海市哲学社会科学优秀成果学科学术奖著作类二等奖。

2019年，学院获批系统科学博士后流动站。"管理科学"入选国家级一流本科建设专业。同年，首届沪江国际青年学者论坛暨上海高校国际青年学者论坛（系统科学专场）（图1.13）举办。孙绍荣、韩印、赵靖、耿秀丽、赵敬华等人的"人—机集成的行为管理工程化方法及在重大工程中的应用"获上海市科技进步三等奖。索琪、郭进利等人的 *Information Spreading Dynamics in Hypernetworks* 获山东省高等学校人文社会科学优秀成果二等奖。

图1.13　首届沪江国际青年学者论坛（系统科学专场）合影

2020 年，丁晓东校长被遴选为国务院学位委员会第八届学科评议组（系统科学组）成员（召集人）。"信息管理与信息系统""工商管理"入选上海市一流本科建设专业。同年，学院成立高级管理者培训与发展中心；举办了第二届沪江国际青年学者论坛（系统科学专场）（图 1.14），郭雷院士出席并发表主旨演讲。孙绍荣教授的 *Five Basic Institution Structures and Institutional Economics*（《五种基本制度结构与制度经济学》）一书获高等学校科学研究优秀成果奖（人文社会科学）二等奖。

图 1.14　第二届沪江国际青年学者论坛（系统科学专场）合影

2021 年，学院获批国家自然科学基金项目 12 项，其中，赵靖教授的"道路交通流建模与优化"获优秀青年科学基金资助。学院教师撰写的 30 多份资政专报被省部级以上政府机构及领导采纳或批示。系统科学、管理科学与工程两个学科同时获批上海市高校"双一流"建设—高水平地方高校建设项目，以及上海市高水平大学建设创新团队（系统科学 5 个，管理科学与工程 3 个）。"工商管理"入选国家级一流本科建设专业；"工业工程"入选上海市一流本科建设专业；"项目管理"获上海市一流课程。同年，完成全国系统科学一级学科发展报告，并成功申办第六届中国系统科学大会；成为欧洲管理发展基金会（EFMD）正式会员，并启动 AACSB 再认证、EQUIS 认证。12 月 10 日，联合国全球契约官方发布：学院正式加入联合国全球契约组织"责任管理教育原则"（简称 PRME），包括清华大学在内，中国（含港澳地区）共有 29 所院校为该组织签署成员。

2022 年，学院本科教学 4 门课程获批上海市重点课程立项。7 月 9 日，"系统科学（理学）""管理科学与工程（管理学）""系统工程（工学）"三个学科通过线上方式联合举办了全国优秀大学生夏令营并取得圆满成功，共有来自全国 70 余所高校的 100 多名学生参加了此次活动。7 月 29 日，教育部社会科学司公布 2022 年度教育部人文社科项目立项名单，学院获批 5 项，其中，青年基金项目 4 项，规划基金项目 1 项。同年，第六届中国系统科学大会在上海理工大学成功举办。吴忠教授等获上海市教学成果奖。

2023 年 5 月，于重庆成功举办第七届中国系统科学大会。

2023 年 5 月，上海市应急管理局副局长桂余才与上海理工大学党委副书记顾春华代表双方签订《上海市应急管理局与上海理工大学应急管理战略合作框架协议》，并共同为上海理工大学智慧应急管理学院揭牌。政校双方将在共建智慧应急管理学院、科学研究、人才培养、合作交流等方面进行全方位、多层次合作，推动应急管理理论创新、科技创新、制度创新。同时，依托上海理工大学系统管理特色平台，结合理、工、经、管多学科交叉优势，加强高校与应急管理部门的深度合作，学校与上海市应急管理局共同成立上海理工大学智慧应急管理学院。

2023 年 7 月，赵来军教授获上海决策咨询一等奖。

1.3.2　部分相关主要著作（专著、译著及教材） （按年份排列）

1. B. L. 杰菲（程守洙、顾耀明译）. 宏观经济学与微观经济学的应用. 机械工业出版社，1985

2. J. P. 伊格尼齐奥（闵仲求、李毅华、谭玮译）. 单目

标和多目标系统线性规划. 同济大学出版社，1986

3. 闵仲求，金瑞龄. 计算机模拟技术. 机械工业出版社，1987

4. 肖承忠. 生产系统工程. 机械工业出版社，1987

5. 王其藩. 系统动力学的理论与应用. 国防工业出版社，1987

6. 赵永昌. 信号流图和系统. 科学出版社，1988

7. 王其藩. 系统动力学. 清华大学出版社，1988

8. 朴昌根. 系统科学论. 陕西科学技术出版社，1988

9. 张逸民，范崇惠. 经济控制论. 同济大学出版社，1988

10. H. 哈肯（戴鸣钟译）. 协同学——自然成功的奥秘. 上海科学普及出版社，1988

11. 徐福缘. 信息系统. 上海交通大学出版社，1988

12. 朱佳生. 教育系统工程，湖南大学出版社，1989

13. 张钟俊，车宏安，柳克俊，胡保生. 系统工程教育与普及——第一届全国系统工程教育与普及学术交流会论文集. 上海科学技术文献出版社，1990

14. H. 哈肯（杨炳奕译）. 协同学：理论与应用. 中国科学技术出版社，1990

15. 周星璞. 工程项目系统工程. 机械工业出版社，1992

16. 车宏安，金瑞龄，乔宽元，徐福缘. 软科学方法论研究. 上海科学技术文献出版社，1995

17. 朱自强，王龙德. 运筹学基础教程. 成都科技大学出版社，1997

18. 肖柳青，周石鹏. 数理经济学. 高等教育出版社，1998

19. 张逸民. 经济控制论. 机械工业出版社，1999

20. 许国志，顾基发，车宏安. 系统科学. 上海科技教育出版社，2000

21. 张永庆. 国家经济形态演进与世界经贸格局发展. 百家出版社，2003

22. 王锋，杨坚争，罗晓静，王莲锋. 电子商务交易风险与安全保障. 科学出版社，2005

23. 钱省三. 项目管理. 上海交通大学出版社，2006

24. 钱省三. 人因工程. 机械工业出版社，2006

25. 马良，王波. 基础运筹学教程. 高等教育出版社，2006（国家"十一五"规划教材）

26. 孙绍荣，宗利永，鲁虹. 理性行为与非理性行为——从诺贝尔经济学奖获奖理论看行为管理研究的进展. 上海财经大学出版社，2007

27. 刘宇熹. 管理定量分析——决策中常用的定量分析方法. 上海交通大学出版社，2007

28. 马良. 高级运筹学. 机械工业出版社，2008

29. 马良，朱刚，宁爱兵. 蚁群优化算法. 科学出版社，2008

30. 高岩. 非光滑优化. 科学出版社，2008

31. 严广乐，张宁，刘媛华. 系统工程. 机械工业出版社，2008（2011 年上海市普通高校优秀教材奖）

32. 黄国安，黄冠云，刘媛华. 统计学. 上海财经大学出版社，2008

33. 杨坚争，赵延波，刘丽华，刘胜题. 经济法与电子商务法简明教程. 中国人民大学出版社，2008

34. 王恒山. 科技型中小企业创业成功因素研究. 上海财经大学出版社，2008

35. 张宝明. 电子商务技术基础（第二版）. 清华大学出版社，2008

36. 郭进利，张宁，李季明. 人类行为动力学模型. 上海系统科学出版社，2008

37. 王恒山，许晓兵，陈荔，张昕瑞. 管理信息系统. 机械工业出版社，2008

38. 徐福缘. 大批量定制生产的理论与应用. 上海科学技术出版社，2008

39. 吕文元. 先进制造设备维修理论、模型和方法. 科学出版社，2008

40. 钱省三. 多重入芯片复杂制造系统生产优化与控制. 电子工业出版社，2008

41. 孙绍荣. 投资者行为研究. 复旦大学出版社，2009

42. 韩印，范海雁. 公共客运系统换乘枢纽规划设计. 中国铁道出版社，2009

43. 杨坚争. 电子商务基础与应用（第七版）. 西安电子科技大学出版社，2010

44. 郭位，郭进利. 最优可靠性设计：基础与应用. 科学出版社，2011

45. 刘建国，郭强. 知识系统和电子商务中的网络理论与应用研究. 上海财经大学出版社，2011

46. 杨坚争. 网络广告学（第三版）. 电子工业出版社，2011

47. 孙绍荣. 高等教育方法概论（修订版）. 华东师范大学出版社，2011

48. 孙绍荣，杜薇，刘晓露，等. 计算机网络资源共享机制研究. 科学出版社，2013

49. 叶春明，刘长平. 专利测度与评价指标体系研究. 知识产权出版社，2013

50. 张峥. 基于持续创新能力的中国汽车产业并购整合模式研究. 上海交通大学出版社，2013

51. 朱小栋，徐欣. 数据挖掘原理与商务应用. 立信会

计出版社，2013

52. 张惠珍，马良，CesarBeltran-Royo. 二次分配问题的线性化技术. 上海人民出版社，2013

53. 马良，王波. 基础运筹学教程（第二版）. 高等教育出版社，2014（国家"十一五"规划教材；2015 年上海市普通高校优秀教材奖）

54. 刘勇，马良. 引力搜索算法及其应用. 上海人民出版社，2014

55. 张宝明. 电子商务运作与管理. 清华大学出版社，2014

56. 郭强，刘建国. 社会行为学. 上海社会科学出版社，2014

57. 孙绍荣. 工程管理学. 机械工业出版社，2014

58. 马良，张惠珍，刘勇，宁爱兵. 高等运筹学教程. 上海人民出版社，2015

59. 严广乐. 系统工程导论. 清华大学出版社，2015

60. 樊重俊，袁光辉，杨云鹏. 机场可持续发展分析评估指标体系与方法. 立信会计出版社，2015

61. 樊重俊，刘臣，杨坚争，等. 数据库基础及应用. 立信会计出版社，2015

62. 孙绍荣. 制度工程学. 科学出版社，2015

63. 孙绍荣. 管理博弈. 中国经济出版社，2015

64. 王恒山，许晓兵，陈荔，等. 管理信息系统（第二版）. 机械工业出版社，2015

65. 朱小栋. 云时代的流式大数据挖掘服务平台：基于元建模的视角. 科学出版社，2015

66. 樊重俊，刘臣，霍良安. 大数据分析与应用. 立信会计出版社，2016

67. 葛玉辉. 人力资源管理（第四版）. 清华大学出版社，2016

68. 高广阔. 证券投资理论与实务（第三版）. 上海财经大学出版社，2016

69. 孙绍荣. Five Basic Institution Structures and Institutional Economics. Springer Verlag，2016

70. 赵敬华，孙绍荣. 供应链智能仿真与建模. 科学出版社，2017

71. 马良，刘勇，魏欣. 走进优化之门：运筹学概览. 上海人民出版社，2017

72. 马洪伟，周溪召. 城市随机交通网络可靠性分析与拓展. 东北大学出版社，2017

73. 干宏程. 出行行为分析的高级计量经济学方法和应用. 同济大学出版社，2017

74. 葛玉辉. 高层梯队特征对企业行为和绩效的影响研究. 科学出版社，2017

75. 张峥. 基于技术创新能力的中国制造业并购协同机理及实现路径研究. 清华大学出版社，2017

76. 张宝明，李学迁. 网络金融. 清华大学出版社，2017

77. 刘宇熹，孙绍荣，谢家平. 闭环产品服务的协调与优化. 中国经济出版社，2017

78. 杨坚争，杨立钒. 电子商务基础与应用（第十版）. 西安电子科技大学出版社，2017

79. 孙绍荣. Management Game Theory. Springer Verlag，2018

80. 孙绍荣. 制度设计的科学——制度工程学. 科学出版社，2018

81. 孙绍荣，赵敬华. 制度工程学教程. 科学出版社，2018

82. 樊重俊，朱小栋，杨云鹏. 基于 SPSS 的商务数据分析方法. 立信会计出版社，2018

83. 樊重俊. 电子商务基础与应用. 立信会计出版社，2018

84. 尹裴，王洪伟. 基于 LDA 主题模型和领域本体的中文产品评论细粒度情感分析. 同济大学出版社，2018

85. 马良，张惠珍，刘勇，魏欣. 应急系统选址布局的优化方法. 科学出版社，2019

86. 刘勇，马良，张惠珍，魏欣. 智能优化算法. 上

海人民出版社，2019

87. 朱小栋. 统一建模语言 UML 与对象工程. 科学出版社，2019

88. 高广阔. 投资学. 清华大学出版社，2019

89. 董明，刘勤明. 大数据驱动的设备健康预测及维护决策优化. 清华大学出版社，2019

90. 智路平. 基于随机动态行程时间可靠性的车辆路径选择问题研究. 西北工业大学出版社，2019

91. 贾晓霞，智路平. 后发海洋装备制造企业战略转型路径与架构创新模式研究. 研究出版社，2019

92. 姚佼，赵靖，韩印. 基于车载数据的城市道路交通控制. 中国铁道出版社，2019

93. 刘魏巍，董洁霜，韩印. 低碳城市目标下城市轨道交通与土地利用协调规划. 中国铁道出版社，2019

94. 樊重俊，刘臣，杨云鹏，等. 数据库基础及应用(第二版). 立信会计出版社，2019

95. 樊重俊. 人工智能基础与应用. 清华大学出版社，2020

96. 韩印. 城市智能公共交通系统. 中国铁道出版社，2020

97. 张峥. 新兴产业创新生态系统持续创新能力研究. 上海交通大学出版社，2020

98. 韩小雅. 考虑不同消费者行为的生产与订货决策研究. 华东理工大学出版社，2020

99. 魏海蕊. "一带一路"背景下无水港跨境物流网络研究. 上海社会科学院出版社，2020

100. 高广阔，朱小栋，刘臣，等. 雾霾污染的大数据关联分析. 上海财经大学出版社，2020

101. 高岩. 非光滑优化（第二版）. 科学出版社，2021

102. 赵敬华，文燕萍. 电子商务项目管理理论与实务. 中国财政经济出版社，2021

103. 朱小栋，樊重俊，张宝明. 信息安全原理与商务应用. 电子工业出版社，2021

104. 樊重俊，刘臣，杨云鹏. 大数据基础教程. 立信会计出版社，2021

105. 刘雅雅. 软集的扩展模型及其决策应用. 立信会计出版社，2021

106. 刘勤明. 生产系统预测性维护调度优化研究. 上海交通大学出版社，2021

107. 刘臣. Python 编程从入门到提高. 清华大学出版社，2021

108. 李永林，叶春明. 行为调度的新范式与算法研究. 上海交通大学出版社，2021

109. 孙洪运，智路平. 恶劣天气下道路交通拥挤风险管理理论与方法. 经济管理出版社，2021

110. 赵敬华，程琬芸，林杰，等. 社交媒体的投资者情绪与中国证券市场互动关系的实证研究. 立信会计出版社，2022

第2章 系统工程（二级学科硕士点）

2.1 历史沿革概述

2.1.1 学科特点

系统工程作为一种工程技术，大致在 1957 年前后被正式定名，1960 年左右形成体系。这是一门以高度综合性为特征的管理工程技术，涉及应用数学（如运筹学、概率统计等）、基础理论（如信息论、控制论等）、系统技术（如系统模拟、通信系统等）以及经济学、管理学、社会学、心理学等多门学科，是以实现系统最优化、满意化为目的的科学。

用定量与定性相结合的系统思想和方法处理大型复杂系统问题，无论是系统的设计或组织建立，还是系统的经营管理，都可统一看成是一类工程实践，统称为系统工程。

系统工程的主要任务是按总体协调需要，将自然科学和社会科学中的基础思想、理论、策略、方法等联系起来，应用现代数学和计算机等工具，对系统的构成要素、组织结构、信息交换和自动控制等功能进行分析研究，从而实现最优设计、最优控制和最优管理的目标。

系统工程大致可分为系统开发、系统制造和系统运用三个阶段，而每一个阶段又可分为若干小的阶段或步骤。其基本方法是：系统分析、系统设计与系统综合评价（性能、费用和时间等）。其应用日趋广泛，至 20 世纪 70 年代就已发展成许多分支，如经营管理系统工程、后勤系统工程、行政系统工程、科研系统工程、环境系统工程、军事系统工程等。

2.1.2　发展历程

早在 1984 年，上海机械学院（上海理工大学前身）"系统工程"学科就获得了工学硕士学位授予权（学科代码：081103，全国第二批），并从当年开始，连续三年招收了三届系统工程研究生班学生，由外教用英语直接授课，共计培养了 101 名学生。

1988 年，"系统工程"获批为国家机械部的重点学科。

几十年来，学科培养的大量毕业生在国内外各行各业都做出了卓越的贡献，涌现出了一大批杰出校友。

图 2.1 为 1986 年的系统工程 1985 级部分研究生陪同外教游览松江的照片。

部分早期系统工程研究生使用过的教材和讲义（1985—1996，非正式出版物及内部翻印本）如图 2.2 和图 2.3 所示。

图 2.1　系统工程 1985 级部分研究生陪同外教游览松江合影（1986）

图 2.2　著名的 Hillier & Lieberman 运筹学教材及其国内最早译本（赵孟养）

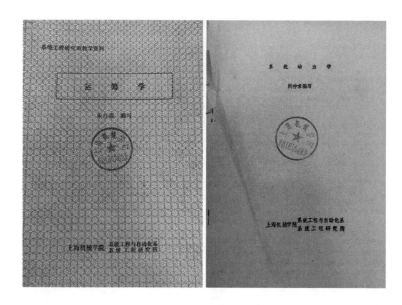

图 2.3　自编的运筹学讲义与系统动力学讲义

2.1.3　部分人物简介

简介按进入学科时间先后排列。

(1) 马良（教授）

1964 年 7 月生。复旦大学数学系毕业（理学学士）；上海机械学院（上海理工大学前身）系统工程系毕业（工学硕士）；上海交通大学管理学院毕业（管理学博士）。现上海理工大学管理学院博士生导师、"管理科学与工程"（一级学科）博士点带头人兼博士后流动站站长、"系统工程"（二级学科）硕士点带头人。曾先后获机电部优秀科技青年（1992）、中国机械工业青年科技专家（1995）、上海市高校优秀青年教师（1995，1997）、宝钢优秀教师（2000）、上海市曙光学者（2000）等荣誉称号以及机电部教育司科技进步二等奖（1993）、机电部青年教师教书育人优秀奖（1994）、上海市育才奖（2004）、上海理工大学教学名师（2009）、上海市普通高校优秀教材奖（2015）等奖励。先后承担完成包括国家自然科学基金、教育部人文社科基金在内的各类科研项目 30 多项；在国内外发表中英文学术论文 300 多篇，相关论文被引用达数百频次；出版专著和教材 10 余部；自主开发运筹学/管理科学集成软件包及中国术数软件各 1 套。曾先后担任上海市第四届学科评议组（管理科学与工程）成员、上海市非线性科学研究会理事、《上海理工大学学报》（自然科学版）编委等社会兼职工作。

(2) 樊重俊（教授）

1963 年 8 月生。复旦大学数学系毕业（理学学士）；武汉大学数理统计专业毕业（理学硕士）；西安交通大学计算机集成制造系统专业毕业（工学博士）；上海交通大学管理科学与工程博士后。现上海理工大学管理学院博士生导师、信息管理与信息系统系

主任、智慧工程研究中心主任。曾先后获中国机械工业科学技术奖二等奖（2013）、上海市教学成果二等奖（2013）、上海市企业管理现代化创新成果一等奖（2016）等奖励，并被评为 2017 中国产业互联网领军人物。先后承担完成中国博士后科学基金、上海市博士后科学基金、国家自然科学基金、上海市教委重点科研创新等各类科研项目。发表学术论文 200 余篇；出版专著和教材 10 余部。曾先后担任协同创新与管理研究会理事、中国卫生信息与健康医疗大数据学会健康服务与技术推广分会常务委员、中国出入境检验检疫协会专家委员会专家、数字经济与跨境电商专业委员会副会长、上海市政府采购专家等一系列社会兼职工作。

(3) 魏国亮（教授）

1973 年 3 月生。东华大学（博士）毕业。先后在中国香港大学、中国香港城市大学、英国布鲁内尔大学

（Brunel）担任研究助理和高级访问学者；德国杜伊斯堡-埃森大学（Duisburg-Essen）洪堡学者。现上海理工大学管理学院博士生导师、沪江领军人才、浦江人才、上海市东方学者特聘教授，获"教育部新世纪人才"称号。曾任上海理工大学研究生院副院长、理学院院长等职务。先后主持国家自然科学基

金面上项目 3 项、上海市地方项目等 10 多项。发表 SCI 检索论文 100 余篇，并入选 Elsevier 发布的 2020 年中国高被引学者榜单（入选学科：控制科学与工程）。担任美国《数学评论》评论员、国际 SCI 检索期刊 *Neurocomputing* 副编辑、EI 检索期刊 *System Science & Control Engineering* 副编辑，以及上海市自动化学会理事、IEEE 会员、中国自动化学会技术过程故障诊断与安全性专业委员会委员等一系列社会兼职工作。

2.2　主要师资与毕业生

以下是 1985 年迄今部分主要师资（校内招生导师）及毕业生名单。（注：人名后有 * 号的为学科带头人）

1985 年

正高级：

戴鸣钟　　　赵永昌

副高级：

王其藩	朱佳生	李月景	刘国祥	肖承忠
李华棣	车宏安	朱自强	程守洙	薛霍威

系统工程系（本科）三好学生：

张群芳　　潘沪明　　高　伟　　孙　亮　　邵建毅
杨双全　　李建雄　　何红珍　　毛节琛　　丁怡伟
朱莉莉　　郗丰平

硕士学位获得者：

徐亦文（1984）　　陆　磊（1985）

1986 年

正高级：

戴鸣钟　　赵永昌

副高级：

王其藩　　朱佳生　　富驾六　　刘国祥　　肖承忠
李华棣　　车宏安　　朱自强　　程守焘　　范崇惠
张逸民

硕士学位获得者：

张文乐　　董江林　　林亚雄

1987 年

正高级：

赵永昌　　王其藩

副高级：

朱佳生　　富驾六　　刘国祥　　肖承忠　　李华棣

车宏安　　朱自强　　闵仲求　　王龙德　　蔡　鹏

程守洙　　范崇惠　　张逸民

硕士学位获得者：

杨莘农　　王忠玲　　曹布阳　　王洪波　　杨　超

1988 年

正高级：

赵永昌　　王其藩　　程守洙　　范崇惠　　张逸民

副高级：

朱佳生　　富驾六　　刘国祥　　肖承忠　　李华棣

车宏安　　朱自强　　闵仲求　　王龙德　　蔡　鹏

范炳全　　余丽娟

硕士学位获得者：

王建平　　周根贵　　郭保华　　张仲强　　严　凌

蒋志伟　　胡　群　　胡建安　　杜文标　　杨大勇

钱燕云　　吴稼豪　　应玉明　　马　山　　关茵洁

李　蔷　　蒋　梨　　何新新　　邹皓杰　　陆大琛

晏小江　　吴　冰　　胡　珊　　王恒山　　颜智明

杨炳奕　　厉夫宁　　杨华安　　梁小琴　　贾应贤

黄海洲　　马　明　　朱炳光　　李海鹰　　向　刚

朱耀毅　　赖中文　　胡京瑞　　李纪阳　　丁　宇

毛　信　　贺曙光　　周　敏　　吴季春　　徐达民

陈跃斌　　董瑞强　　李刚浦　　陈建国　　韩雪华
张国强　　夏燕青

1989 年

正高级：

赵永昌　　程守泰　　张逸民

副高级：

朱佳生　　富驾六　　刘国祥　　肖承忠　　李华棣
车宏安　　朱自强　　闵仲求　　王龙德　　蔡　鹏
范炳全　　张林海　　金瑞龄　　徐福缘　　朴昌根

硕士学位获得者：

孙京利　　张大广　　郭广雄　　吕浩然　　赵健中
孙昌言　　周　进　　董　琼　　陈　晓　　王小亭
刘文洋　　李伯鸣　　周长洪　　孔刘柳　　关洪岚
郑建军　　沈瑞山　　黄　华　　陈能会　　张清泽
周裕龙　　伍复军　　陈红伟　　高玉波　　陶庆荣
蒋晗芬　　黄亭春　　马　良　　王培明　　徐远国
陆钧杰　　赵小林　　王　颖　　白　杨　　刘期怡
姚志平　　尹　波　　杨　青（原名温中盛）　吴力奋
杨洪山　　李　震　　周学军　　蒋晓青　　齐　瑜
李振华　　尹时中　　陈晓东　　张工导　　武　勇
杨　杰　　李雪峰　　贺　维　　叶春明　　王建伟

王爱成	周增荣	任佩龙	周坚刚	赵　炜
李卫东	徐晓明	吴明芳	沙溪漭	周石鹏
庄尤龙	毛昌灏	沈建根	陈　臻	余颂德
陈剑明	村惠民	史良询		

1990 年

正高级：

赵永昌	朱佳生	程守洙	张逸民

副高级：

富驾六	刘国祥	肖承忠	李华棣	车宏安
朱自强	王龙德	蔡　鹏	范炳全	张林海
金瑞龄	徐福缘	朴昌根		

硕士学位获得者：

谈凤英	单为民	沈永清	戴咏新	印海船
关永洪	周孝棠	程　瑜	刘　成	许　伟
曲　伟	邵锡华	陈绍充	刘飞飞	惠　霞
袁　辉	陈剑明	于有瑞	黄根明	唐　坚
鲍晓幸	胡志宏	王爱成	华志勇	

1991 年

正高级：

赵永昌	朱佳生	程守洙	张逸民

副高级：

富驾六	刘国祥	肖承忠	李华棣	车宏安
朱自强	王龙德	蔡　鹏	范炳全	张林海
金瑞龄	徐福缘	朴昌根		

硕士学位获得者：

郭　鹿	冯镇国	孟建柱	郁鸿胜	洪　涛
李剑明	田　雨	李顺宏	熊国强	张振剑
张　宁	徐爱红	郭昌友	段晓红	王　华
李生武	韩文金	石征明	倪　杰	章政海
秦宝根	张松民	张桂生	蔡文江	谢觉民
陈永辉	唐建荣			

1992 年

正高级：

赵永昌	朱佳生	肖承忠	徐福缘	范炳全
车宏安	顾国庆	程守焘	张逸民	

副高级：

富驾六	刘国祥	朱自强	王龙德	蔡　鹏
张林海	金瑞龄	朴昌根	徐维鼎	徐亦文
严广乐	钱省三	赵建忠		

硕士学位获得者：

应蓓玉	方建群	石　哲	詹佩民	骆正清

桂宗稳　　谢　楷　　陈品文　　吴　帆　　殷敏锐

张耀华　　后　勇　　介　郡

1993 年

正高级：

赵永昌　　朱佳生　　肖承忠　　徐福缘　　范炳全

车宏安　　金瑞龄　　顾国庆　　程守渌　　张逸民

副高级：

富驾六　　刘国祥　　朱自强　　王龙德　　蔡　鹏

张林海　　朴昌根　　徐维鼎　　徐亦文　　严广乐

钱省三　　赵建忠

硕士学位获得者：

刘　芝　　常　青　　史　军　　张志远　　陈　戈

孙　虎　　庄茂军　　朱莉欣　　侯惠明　　何可仁

丁会凯　　季剑平　　杨金龙　　林　仪　　徐爱平

干春晖　　张定华　　陈建华　　张广新　　黄生权

陈美良　　吴太南　　朱维清　　祁国宁　　王建华

1994 年

正高级：

赵永昌　　朱佳生　　肖承忠　　徐福缘　　范炳全

车宏安　　金瑞龄　　顾国庆　　程守渌　　张逸民

副高级：

刘国祥	朱自强	王龙德	蔡　鹏	张林海
郑淑华	徐维鼎	徐亦文	严广乐	钱省三
赵建忠	程绪正			

硕士学位获得者：

王　卫	胡　洪	赵学成	贺争平	黎为中
蒲　正	农虎深	宋良荣	袁志勇	马文洛
徐　健	骆金献	朱　屹	董书宏	方顺仓
王允光	肖兴正			

1995 年

正高级：

赵永昌	朱佳生	肖承忠	徐福缘	范炳全
车宏安	金瑞龄	顾国庆	严广乐	程守洙
张逸民				

副高级：

刘国祥	朱自强	王龙德	蔡　鹏	张林海
徐维鼎	徐亦文	郑淑华	李洋洋	许晓兵
钱省三	赵建忠	程绪正	王恒山	

硕士学位获得者：

吴芳玲	苏晔绯	李数光	徐成龙	张练光
王和平	李志明	刘绍杰		

1996 年

正高级：

徐福缘	朱佳生	肖承忠	范炳全	车宏安
金瑞龄	顾国庆	严广乐	王龙德	程守焘
张逸民				

副高级：

刘国祥	朱自强	蔡 鹏	张林海	徐维鼎
徐亦文	郑淑华	李洋洋	许晓兵	赵建忠
程绪正	王恒山			

系统工程（本科生）奖学金获得者：

杜 英	汤 毅	武文博	刘媛华	余 靖
韩 路	许彦冰	张云健	余 珂	曹 英

硕士学位获得者：

祝 晨	王芙蓉	顾立科	范晋鹰	杜世宏
曹蕴建	祁 军	凌 峰	何嗣江	丁祖发
苏 健	何文明	陈骏飞	麦永浩	王永剑
石丽君	项廷峰	瞿震华	顾以谦	陈宝钦
秦江涛	容 强			

1997 年

正高级：

徐福缘	金瑞龄	王龙德	顾国庆	严广乐

钱省三

副高级：

朱自强	刘国祥	李洋洋	徐维鼎	蔡 鹏
乔宽元	吴满琳	张林海	张正华	钱燕云
蒋 雯	叶春明	孙绍荣	赵建忠	程绪正
王恒山	许晓兵	程丕谟		

硕士学位获得者：

曹宏祥	淦克翔	王新邵	张丽云	黄肇义
宋 涛	陈必伟	汤夕生	潘晓今	李 彤
颜 畅	林 凤	杨兴军	朱敬红	张声涛
孙庆文				

1998 年

正高级：

徐福缘	顾国庆	朱自强	范炳全	严广乐
王龙德				

副高级：

徐亦文	李洋洋	许晓兵	马 良	王恒山
邹岳华				

硕士学位获得者：

刘娟娟	牟 涛	钟 鸣	浦志华	魏 琦
郑锦荣	袁 迪	凌佩雯	文 波	高克跃

郭　鸿　　蔡　蓉　　宋心峰　　徐荣健　　王汇涛

张　昊　　曹青青　　徐　峰　　陈岩松

1999 年

正高级：

李郝林*　　王龙德　　朱自强

副高级：

徐亦文　　马　良　　王恒山　　邹岳华

硕士学位获得者：

胡丽娅　　袁锦富　　刘建香　　沈海燕　　王歆华

汤　毅

2000 年

正高级：

马　良*　　王龙德　　朱自强

副高级：

徐亦文　　王恒山　　邹岳华

硕士学位获得者：

余利忠　　田　军　　傅成民　　路晓伟　　刘一波

2001 年

正高级：

马　良* 　王龙德

副高级：

徐亦文　　王恒山　　邹岳华

硕士学位获得者：

李德宝　　王　华　　彭作和　　邱模杰　　陈永刚
连海佳

2002 年

正高级：

马　良* 　王龙德　　王恒山

副高级：

徐亦文　　邹岳华

硕士学位获得者：

孙树垒　　陈国胜　　魏景阳　　毛增木　　潘威海
汪小政　　别士军　　叶剑军

2003 年

正高级：

王恒山* 　马　良

副高级：

徐亦文　　邹岳华

硕士学位获得者：

郑斌能　　项　明　　李爱梅　　易艳红　　管红波
江　平

2004 年

正高级：

王恒山*　　马　良

副高级：

徐亦文　　邹岳华　　姚　俭

硕士学位获得者：

张　丽　　吕长雷　　焦敏朵　　佟　磊　　缪　琳
洪江涛　　苏小芳　　刘莉莉　　费伟彬　　盛　骏

2005 年

正高级：

王恒山*　　马　良　　姚　俭

副高级：

王　波　　蒋　艳

硕士学位获得者：

赵晓芳　　赵彦英　　王大志　　马　捷　　李亚峰

包渊秋　　姜吉运　　陈辉煌　　于　玲　　王周缅

张　帆　　程巨中　　刘晓霞　　范忠骏　　陈俊武

金慧敏

系统工程2005级部分硕士毕业生答辩会如图2.4所示。

图2.4　系统工程2005级部分硕士毕业生答辩会合影

2006 年

正高级：

马　良[*]　　王恒山　　姚　俭

副高级：

王　波　　蒋　艳

硕士学位获得者：

耿　昕　　林锦顺　　徐　芳　　王永刚　　李　军

林英德　　胡晓青

2007 年

正高级：

马　良*　王恒山　　姚　俭

副高级：

王　波　　蒋　艳　　樊重俊

硕士学位获得者：

吕雪玲　　沈璐瑶　　徐　刚　　杨　琳

2008 年

正高级：

马　良*　王恒山　　姚　俭　　王　波

副高级：

蒋　艳　　樊重俊

硕士学位获得者：

朱志勇　　李广前　　苏　磊　　刘新亮　　隰　熙

张丹荣　　范　琛　　贺祎培　　何继平　　张　宇

赵文斌　　娄志娥　　李臣学　　齐振亮　　袁鹏程

廖飞雄　　熊　静　　杨君君　　曾　华　　支　义

2009 年

正高级：

马 良*   王恒山   姚 俭   王 波

副高级：

蒋 艳   樊重俊

硕士学位获得者：

杨星光   姜兴乾   贾丰源   高 臻   高强飞

刘力元   陈 淑   徐 颖   马万达   吴 燕

陈逸陶   许兴阳   李永林   曾 启   陈 恺

郭新华   董 娟   沈 剑   杜利红   黄 金

吴冬晖   吕 磊   奚 莉   陈 章   刘 勇

系统工程 2009 级部分硕士毕业生答辩会如图 2.5 所示。

图 2.5   系统工程 2009 级部分硕士毕业生答辩会合影

2010 年

正高级：

马　良* 　王恒山　 姚　俭　 王　波

副高级：

樊重俊　 蒋　艳　 宁爱兵

硕士学位获得者：

王丽娜　 印　超　 黄　鹤　 韩　坤　 申希栋

王　静　 张瑜兰　 姚　莎　 刘　瑜　 魏　欣

徐　辉　 张　蕾　 吴学勤　 杨善祥　 曾海清

何现楼　 李　江　 刘　葱　 高洪振

2011 年

正高级：

马　良* 　王恒山　 姚　俭　 王　波

副高级：

樊重俊　 蒋　艳　 宁爱兵　 刘媛华

硕士学位获得者：

彭国樑　 樊小毛　 金婷婷　 孔媛媛　 闫海梅

张兰英　 徐海旭　 陈丽华　 王　昭　 熊红林

韩艳艳　 章海玲　 李明子　 宋　高　 汪　凡

朱　柯　 张大昉　 李春梅　 徐　超

2012 年

正高级：

马 良* 王恒山 姚 俭 王 波 樊重俊

副高级：

蒋 艳 宁爱兵 刘媛华

硕士学位获得者：

杨 捷 胡 君 杨小东 曹志威 韩燕燕

于世坤 辛菊琴 戴静晖 张 鹏 付会刚

刘 晟 梁诚芳 尚艳超 续艳艳 李 超

王 勇 朱彬彬 刘 翔

2013 年

正高级：

马 良* 樊重俊 王 波 姚 俭

副高级：

蒋 艳 宁爱兵 刘媛华

硕士学位获得者：

徐勤兰 戴秋萍 李 雪 陈 栋 乔 翠

郗 莹 黄 帅 王建伯 刘艳芳 章 敏

张晓帅 郭晓龙

2014 年

正高级：

马　良*　　樊重俊　　王　波　　姚　俭

副高级：

蒋　艳　　宁爱兵　　刘媛华

硕士学位获得者：

曹　昶　　程　魁　　郭迎迎　　李　森　　李枝勇

任卓明　　孙文浩　　田　鑫　　王英磊　　徐加强

杨光勇　　杨玲玲　　尹琴琴　　祝冉冉

2015 年

正高级：

马　良*　　樊重俊　　王　波　　姚　俭

副高级：

蒋　艳　　宁爱兵　　刘媛华

硕士学位获得者：

吴天魁　　周晓辉　　支志兵　　王家桢　　刘　思

李旭东　　王淑秀　　孟　栋　　张季平　　卜宾宾

高　珊　　袁光辉　　成亚利

2016 年

正高级：

马 良* 樊重俊 王 波 姚 俭

副高级：

蒋 艳 宁爱兵 刘媛华

硕士学位获得者：

褚玉婧 李 岩 王国徽 王肖灵 杨 飞

尤星星 王永斐 茆 娟 谢 浩 张海俊

陈 伟

2017 年

正高级：

马 良* 樊重俊 王 波 姚 俭

副高级：

蒋 艳 宁爱兵 刘媛华

硕士学位获得者：

王金叶 苏 颖 李江波 袁少杨 周毅成

2018 年

正高级：

马 良* 樊重俊 王 波 姚 俭

副高级：

蒋 艳 宁爱兵 刘媛华 刘 勇

硕士学位获得者：

齐 琳 吴 雨 刘志民 赵 珊 黄 飞

李 宸 陈 聪 陈长青 陶 婷 张 媛

牛红星

2019 年

正高级：

马 良* 樊重俊 王 波 姚 俭

副高级：

蒋 艳 宁爱兵 刘媛华 刘 勇 张惠珍

硕士学位获得者：

孙丹辉 李君昌 何永梅 李小川 葛钱星

郑和平 李孝鹏 易高明 王 来

2020 年

正高级：

马 良* 樊重俊

副高级：

宁爱兵 刘媛华 刘 勇 张惠珍 刘 磊

硕士学位获得者：

陆玉玉　　吴宇星　　裴佳佳　　陈　斌　　高猛猛
冀　和　　王晓飞　　王　宁　　郭皓月

2021 年

正高级：

马　良*　樊重俊

副高级：

宁爱兵　　刘媛华　　刘　勇　　张惠珍　　刘　磊

中级：

刘雅雅

硕士学位获得者：

刘　璐　　余　莹　　张宇春　　胡　沁　　陈舒扬
甘露情　　苟海雯　　赵　桐　　唐子清　　李璟暄
胡亚东

2022 年

正高级：

马　良*　樊重俊　　魏国亮　　耿秀丽

副高级：

宁爱兵　　刘媛华　　刘　勇　　张惠珍　　刘　磊
刘勤明

中级：

刘雅雅　　陆　芷

硕士学位获得者：

刘　忠	赵今越	臧悦悦	孙智勇	赵佳佳
魏诗雨	孟　晗	鞠晓玲	林之博	何佩苑
傅汤毅	石翠翠	吴志强	刘苗苗	

2023 年

正高级：

马　良* 　魏国亮　　耿秀丽　　顾长贵　　霍良安

刘勤明（沪江学者）

副高级：

宁爱兵　　刘媛华　　刘　勇　　张惠珍　　刘　磊

中级：

刘雅雅　　陆　芷

硕士学位获得者：

汤英杰	孙天宝	曾　宾	张梦溪	张雨婷
张　坤	黄景然	李昕昊	李永钰	杨　锟
付振星	闫恩奇	张　超	吴广硕	李留留

2.3 培养计划与课程设置

2.3.1 研究方向

系统工程（二级学科硕士点）研究方向如下：

（1）运筹与决策。

（2）信息系统工程。

（3）社会经济系统。

（4）人工智能理论与应用。

2.3.2 课程设置明细

表 2.1 课程设置明细表

课程类型	课程性质	课程代码	课程	开课院系	学分	总学时	开课学期	是否必修	多选组
学位课程	公共基础课程	15000898	公共英语(学硕)Ⅰ	外语学院	1	36	秋季	必修	
		15000899	公共英语(学硕)Ⅱ	外语学院	1	36	秋季	必修	
		15000805	学术期刊文献阅读	外语学院	1	36	春季	选修	4选1
		15000806	英语期刊论文写作	外语学院	1	36	春季	选修	
		15000807	国际交流视听说	外语学院	1	36	春季	选修	
		15000808	学术英语口笔译	外语学院	1	36	春季	选修	

（续表）

课程类型	课程性质	课程代码	课程	开课院系	学分	总学时	开课学期	是否必修	多选组
学位课程	公共基础课程	32000006	中国特色社会主义理论与实践研究	马克思主义学院	2	36	春秋季	必修	
		32000007/32000008	自然辩证法概论/马克思主义与社会科学方法论	马克思主义学院	1	18	春秋季	必修	
		92000008	科学道德和学风建设	研究生院	1	18	秋季	必修	
	以上累计学分 $\sum = 7.0$								
	专业基础及专业课	13000080	算法导论	管理学院	2	36	秋季	选修	
		13000119	信息系统工程	管理学院	2	36	秋季	选修	
		13000125	进化计算	管理学院	2	36	春季	选修	
		13000156	管理学Ⅱ	管理学院	3	54	秋季	选修	
		13000256	系统科学与工程	管理学院	3	54	秋季	必修	
		13000305	高级运筹学	管理学院	3	54	秋季	必修	
以上累计学分 $\sum \geqslant 16.0$									
非学位课程	专业课程	13000015	组合优化	管理学院	2	36	春季	选修	
		1300053	预测与决策研究	管理学院	2	36	秋季	选修	
		13000102	人工智能	管理学院	2	36	春季	选修	
		13000127	模糊系统理论	管理学院	2	36	春季	选修	
		13000205	生产运作管理	管理学院	2	36	春季	选修	
		13000208	决策分析	管理学院	2	36	春季	选修	
		13000313	图论与应用	管理学院	2	36	秋季	选修	

（续表）

课程类型	课程性质	课程代码	课程	开课院系	学分	总学时	开课学期	是否必修	多选组
非学位课程	专业课程	13010005	大数据分析方法与应用	管理学院	2	36	春季	选修	
		13010217	程序语言概论	管理学院	2	36	春季	选修	
		92000002	学术讲座与学术研讨	研究生院	1	18	春季	必修	

以上累计学分 $\sum \geqslant 30.0$

第 3 章　系统科学（一级学科博士点/硕士点）

3.1　历史沿革概述

3.1.1　学科特点

　　系统是由相互联系、相互作用的要素（部分）组成的具有一定结构和功能的有机整体，而系统科学则是在数学、物理、生物、化学等学科基础上，结合运筹、控制、信息科学等技术科学发展起来的，是以系统为研究对象的基础理论与应用开发组成的学科群，与数学科学、自然科学、社会科学、思维科学等并列为科学技术门类之一，着重考察各类系统的关系和属性，揭示其活动规律，探讨有关系统的各种理论和方法，主要包含系统方法论、演化论、认知论、调控论和实践论等思想，并广泛应用于工程、社会、经济、政治、军事、外交、文化教育、生命、生态环境、医疗保健、行政管理等部门，取得了令人满意的效果。

　　系统科学的发展主要源于广义的工程科学发展，适应了有关现代技术、人机关系、程序设计等"系统"的复杂性要求。由于现代工程早已不是一两台动力机器的简单工

程，而是很多人机交织的复杂工程，因此，其底层的科学
理论已被迫向"系统级""复杂性"进化。

原则上，系统科学和系统工程同根同源，都是基于现
代工程的复杂性而产生的。在直觉性原则上，系统工程是
系统科学在工程领域的应用，系统科学则渐渐演化成了复
杂性科学。

3.1.2 发展历程

上海理工大学系统科学学科是全国最早建立的同类学
科之一，始于1979年的系统工程研究所，钱学森先生出席
了系统工程研究所成立仪式，并发表重要讲话。

1993年，学校获批"非线性系统（实验与理论）"理
学硕士学位授予权（二级学科，全国第五批）。1998年，
该学科更名为"系统分析与集成"（学科代码：071102）。
2006年，学校获批"系统分析与集成"理学博士学位授予
权（二级学科，全国第十批；学科代码：071102）；同时，
获批"系统科学"理学硕士学位授予权（一级学科，全国
第十批；学科代码：0711），涵盖二级学科：系统理论、系
统分析与集成。2018年，获批"系统科学"理学博士学位
授予权（一级学科，全国第十二批；学科代码：0711），涵
盖二级学科：系统理论、系统分析与集成、复杂系统数学
理论与方法（自设）。

上海理工大学是国内仅有的几所招收过"系统科学"专业本科生的高校，具有本、硕、博完整的人才培养体系，长期秉承"厚基础、强实践、高标准、严要求"的人才培养传统，以系统方法论为指导，在推动技术进步的同时，突现了人才培养改革双驱动效应，多年来培养出了如黄奇帆、黄海洲等一大批杰出校友。

目前，上海理工大学是国务院"系统科学"学科评议组成员召集人单位、中国系统工程学会教育系统工程分会挂靠单位、上海市系统工程学会挂靠单位、上海市工程管理学会挂靠单位。在深厚历史底蕴的基础上，已形成社会影响力。依托上海系统科学研究院、中国系统工程学会教育专业委员会、上海市系统工程学会，学科多次主办了有重要影响的学术活动，例如，"首届复杂性科学理论与应用国际会议""第三届全国复杂网络学术会议""第四届中国—欧洲复杂性科学暑期学校""2011 上海复杂系统科学研究论坛""2012 年全国博士生学术论坛（系统科学）"等。2020 年起，学科还每年举办沪江青年论坛（系统科学）活动。《系统科学与系统工程学科发展报告》的出版，为实质性推动我国系统科学学科的发展做出了重要贡献。

3.1.3 部分人物简介

简介按进入学科时间先后排列。

（1）顾国庆（教授）

1949 年 9 月生。复旦大学理学硕士和博士。1992 年被评为研究员，1995 年任博士生导师、上海理工大学学术委员会副主任、上海理工大学系统科学与系统工程学院院长（1995.5—1999.5），后改任上海理工大学计算机工程学院院长（1999.5—2001.2），2002 年任华东师范大学信息科学技术学院副院长（2002.12—2004.5）。曾先后获机电部突出贡献专家、政府特殊津贴、上海市优秀教育工作者、上海市劳动模范等荣誉称号，以及机电部科技进步三等奖、国家教委科技进步二等奖、机械部科技进步二等奖、上海市科技进步三等奖等科技奖励。并曾先后担任上海市杨浦区第九届政协委员、上海市非线性科学研究会秘书长、上海市第十一届人大代表、上海市第十届总工会委员、中国民主促进会上海市第十二及第十三届委员会委员（常委）、中国民主促进会第十及第十一届中央委员会委员、上海市非线性科学研究会副理事长、中国民主促进会第九次全国代表大会代表、上海市第十二届人大代表等一系列社会兼职工作。

（2）高岩（教授）

1962 年 8 月生。1996 年获大连理工大学理学博士学位。1992 年任副教授，1997 年任教授，2002 年起担任博士生导师，2012 年被聘为首批二级教授。2002 年 3 月至 2003 年 6 月为剑桥大学研究人员，2001 年和 2006 年分别获德国学术交流中心资助，访问卡尔斯鲁厄大学和慕尼黑工业大学，2017 年 12 月至 2018 年 11 月为波尔图理工学院访问学者。现为上海理工大学系统科学系教授、系统科学学科博士生导师、系统科学一级学科博士点带头人兼博士后流动站站长。曾先后获全国优秀教师、霍英东青年教师、IBM 教师奖等多种荣誉称号和奖励。主持完成国家自然科学基金、国际合作项目等多种科研项目 10 多项；出版《非光滑优化》等专著；在 *IEEE Transactions on Automatic Control*、*Journal of Optimization Theory and Applications*、*Energy*、中国科学、系统工程理论与实践等重要期刊上发表学术论文 300 余篇（其中，SCI 检索 100 余篇），对非光滑分析与优化、非有限元方法、混杂系统控制的稳定系与生存性、智能电网动态定价机制等方面的研究工作被国内外学者大量引用；先后讲授课程"系统工程""非线性科学""运筹学"等 20 余门。作为学科负责人，带领上海理工大学系统科学学科于 2018 年获一级学科博士点并于 2020 年设立博士后流动站，在 2017 年全国第四轮学科评估中，系统科学学科位列第三。在先后两任担任管理学院常务副院长期间，上海理工大学管理门类首次进入 A 类（2010）；2011 年 12 月至 2017 年 3 月负责学院 AACSB 认证工作，为 2018 年通过国际认证奠定了扎实的基础。此外，还先后担任国务院学科评议组成员（系统科学）、中国系统工程学会常务理事、中国优选法统筹法与经济数学研究会常务理事、中国管理现代化研究会理事、上海市运筹学会常务理事、中国管理科学与工程学会常务理事、上海市系统工程学会常务副理事长、上海市非线性科学研究会副理事长、上海系统科学研究院常务副院长等一系列兼职工作。

（3）张卫国（教授）

1957 年 10 月生。西南交通大学应用数学系毕业（理学学士）；长沙铁道学院数学研究所毕业（理学博士）。二级教授，博士生导师。1993 年获国务院政府特殊津贴。曾任上海理工大学理学院院长，数学一级学科负责人，现上海理工大学系统科学一级学科博士点方向带头人。从事教育工作以来，先后获全国高校霍英东教育基金会青年教师奖（1990）、国防科工委科技进步三等奖（1993）、上海市高校首届教学名师奖（2003）、上海市教学成果一等奖（排名第一，2013）、上海市先进工作者（2015）、上海市教学成果一等奖（排名第一，2017）等一系列奖励和荣誉称号。先后主持和参加完成国家自然科学基金项目8项，主持完成省部级科研项目8项；在国内外重要学术刊物发表论文180多篇，其中被 SCI 收录90余篇。多次受邀在全国及国际会议作学术报告，并多次担任省级、国家级自然科学奖的网评、会评专家，其中，2019—2021年担任了国家重点研发计划"变革性技术关键科学问题"重点专项的网评、会评专家。

（4）丁晓东（教授）

1963年3月生。东华大学（应用数学）硕士；东华大学（控制科学与工程）博士。曾历任东华大学信息学院副院长、东华大学组织部副部长、上海市教委高教处处长、上海理工大学副校长、上海工程技术大学校长、上海市教委副主任。现上海理工大学

党委副书记、校长、"系统科学"博士生导师、"管理科学与工程"博士生导师。曾获宝钢优秀教师、上海市高校优秀青年教师、上海市科教党委系统优秀党务工作者等荣誉称号和奖励。作为负责人获上海市教学成果一等奖两项、承担完成包括上海市优秀学科带头人计划、上海市软科学

研究重点项目、上海市科委科技攻关、基地重点项目在内的各类国家及省部级重点课题 20 余项。在国内外发表学术论文 30 余篇，出版专著 3 部，获专利 2 项。并担任第八届国务院学位委员会系统科学学科评议组成员（召集人）、第七届和第八届全国高等学校设置评议委员会委员、上海市科协第十届副主席、上海市政协教育界界别召集人、科教文卫体委员会副主任、上海市系统工程学会第七届理事会理事长、上海市战略性新兴产业竞争力研究中心（上海市软科学研究基地）主任；曾任上海市产学教育学会副会长、上海市高等教育学会副秘书长、上海市实验室管理研究会秘书长、全国大学生数学建模竞赛/电子电路设计竞赛上海组委会副主任、《实验研究与探索》编委会副主任等一系列社会兼职工作。

3.2 主要师资与毕业生

以下是 1998 年迄今部分主要师资（校内招生导师）及毕业生名单，分三个阶段。（注：人名后有 * 号的为学科带头人）

第一阶段：

系统分析与集成（二级学科硕士点）

1998 年

正高级：

顾国庆* 　严广乐 　王美娟 　叶慈南

副高级：

徐维鼎 　程绪正

1999 年

正高级：

顾国庆* 　严广乐 　王美娟 　叶慈南

副高级：

徐维鼎

硕士学位获得者：

张翠芳 　张 昆

2000 年

正高级：

顾国庆* 　严广乐 　王美娟 　叶慈南 　张卫国

副高级：

张 宁 　蒋 雯

硕士学位获得者：

陈彦平　　陈成鲜　　巨志勇　　何学牛　　武文博

2001 年

正高级：

顾国庆*　严广乐　　王美娟　　叶慈南　　张卫国

副高级：

张　宁　　蒋　雯

硕士学位获得者：

陶　洪　　谢　鹏　　路黎明　　许彦冰

2002 年

正高级：

顾国庆*　严广乐　　王美娟　　叶慈南　　张卫国

副高级：

张　宁　　蒋　雯　　肖庆宪

硕士学位获得者：

边立群　　李宗伟　　黄新力　　钱新建　　朱绪敏

2003 年

正高级：

高　岩*　严广乐　　王美娟　　叶慈南　　张卫国

顾国庆

副高级：

张　宁　　蒋　雯　　肖庆宪

硕士学位获得者：

舒文曲　　吴　伟　　唐典龙　　毛国勇

2004 年

正高级：

高　岩*　严广乐　　王美娟　　叶慈南　　张卫国
顾国庆　　肖庆宪　　李星野

副高级：

张　宁　　蒋　雯

硕士学位获得者：

沐年国　　张宏波　　张宝明　　陶　涛　　张志刚
秦　岭　　刘媛华

2005 年

正高级：

高　岩*　严广乐　　王美娟　　叶慈南　　张卫国
肖庆宪　　李星野

副高级：

张　宁

硕士学位获得者：

张亚文　　杨建民　　戴晓枫　　吕寒玉　　王　卿

张乾宇　　易成林　　阮　亮

第二阶段：

系统分析与集成（二级学科博士点）

系统科学（一级学科硕士点）

2006 年

博士点：

博士生导师（系统分析与集成）：

高　岩*　王朝立　　张卫国

硕士点：

正高级：

高　岩*　李星野　　肖庆宪

副高级：

张　宁

硕士学位获得者：

李中杰　　赵跃琼　　田卫中　　倪小军　　赵　静

孟庆澄　　张　晨　　袁　娟

2007 年

博士点：

博士生导师（系统分析与集成）：

高　岩*　　王朝立　　张卫国

硕士点：

正高级：

高　岩*　　李星野　　肖庆宪　　杨会杰

副高级：

张　宁

硕士学位获得者：

程黄维　　宋玉柱　　肖　喻　　许　锋　　薛　帧

2008 年

博士点：

博士生导师（系统分析与集成）：

高　岩*　　王朝立　　张卫国　　杨会杰　　陈庆奎

硕士点：

正高级：

高　岩*　　李星野　　肖庆宪　　杨会杰　　严广乐

副高级:

张　宁

硕士学位获得者:

滑　静	李季明	马琳琳	孙继佳	陈　征
王　琦	薛　超	崔淑丹	李秀梅	秦　艳
晏　鹏	凌　艳			

2009 年

博士点:

博士生导师（系统分析与集成）:

高　岩* 陈　斌　王朝立　张卫国　杨会杰
陈庆奎

博士学位获得者:

赵　岩

硕士点:

正高级:

高　岩* 李星野　肖庆宪　杨会杰　严广乐
王朝立　陈庆奎

副高级:

张　宁

硕士学位获得者：

李坤朋	胡静静	张跃宏	闫树熙	金　达
赵庚升	贾淑华	李永刚	张黎俐	邓竹君
范　瑞	李楠楠	冯亚南	王　宝	樊　洁
李　莉	董潇潇	郭　畅	孙世杰	朱文娟

2010 年

博士点：

博士生导师（系统分析与集成）：

高　岩*	陈　斌	王朝立	张卫国	杨会杰
陈庆奎	原三领			

博士学位获得者：

杜守强

硕士点：

正高级：

高　岩*	李星野	肖庆宪	杨会杰	严广乐
张　宁				

副高级：

刘建国

硕士学位获得者：

许良成	高菲菲	董斌辉	王真真	范晓丽

李小强　　陆明希　　黄金源　　王世磊　　于　淼
吕　品　　王伟伟　　章郦晕　　胡勇辉　　陈保国
王建波　　武囡生

2011 年

博士点：

博士生导师（系统分析与集成）：

高　岩*　陈　斌　　王朝立　　张卫国　　杨会杰
陈庆奎　　原三领

博士学位获得者：

李向正　　梁振英　　刘　强

硕士点：

正高级：

高　岩*　李星野　　肖庆宪　　杨会杰　　严广乐
张　宁

副高级：

刘建国

硕士学位获得者：

田　丹　　张　辰　　米　雪　　张超杰　　陶　俊
王小霞　　唐立法　　李肖男　　赵佳佳　　宋建强
刘兆兴　　翟　博　　蒋　赢　　郭磊芳　　赵　军

唐　镇　　吴文娟　　张　东　　田　甜　　王　超

朱晓军　　赵丽丽

2012 年

博士点：

博士生导师（系统分析与集成）：

高　岩*　陈　斌　　王朝立　　张卫国　　杨会杰

陈庆奎　　原三领　　贾　高　　刘建国　　魏国亮

博士学位获得者：

李　莹　　刘小华　　党亚峥　　海　荣　　陈　华

杨　芳

硕士点：

正高级：

高　岩*　李星野　　肖庆宪　　杨会杰　　严广乐

张　宁　　刘建国

硕士学位获得者：

李赛赛　　苏　瑾　　邓世果　　付承宏　　曹　易

吕　芳　　陶泽琼　　雷　煊　　鄢展鹏　　李峰岳

左雪萍　　王燕娟　　赵为芳　　陈　升　　齐景超

刘玉红

2013 年

博士点：

博士生导师（系统分析与集成）：

高岩*　　陈斌　　王朝立　　张卫国　　杨会杰

陈庆奎　　原三领　　贾高　　刘建国　　魏国亮

博士学位获得者：

刘磊　　陈征　　王海峰　　杨刘　　田伟

张东凯

硕士点：

正高级：

高岩*　　李星野　　肖庆宪　　杨会杰　　严广乐

张宁　　刘建国

硕士学位获得者：

石珂瑞　　吴婷婷　　黄妍　　高艳超　　钟姗姗

许国迎　　行征　　严捷冰　　李冰　　张文轻

倪时金　　鲍旭

2014 年

博士点：

博士生导师（系统分析与集成）：

高岩*　　张卫国　　杨会杰　　陈庆奎　　原三领

贾　高　　刘建国

博士学位获得者：

杨建芳　　汪丽娜　　许　成　　李丽花　　叶彩儿

曹剑炜　　李　想

硕士点：

正高级：

高　岩*　李星野　　肖庆宪　　杨会杰　　严广乐

张　宁　　刘建国

中级：

党亚峥　　吴自凯

硕士学位获得者：

胡兆龙　　贾祥建　　吴　炅　　杨　凯　　易　蕉

张　帆　　张　涵　　张烨培　　郑　昊

2015 年

博士点：

博士生导师（系统分析与集成）：

高　岩*　张卫国　　杨会杰　　陈庆奎　　原三领

贾　高　　刘建国

博士学位获得者：

肖　琴　　周艳丽　　章　刚　　李殷翔　　杜庆辉

硕士点：

正高级：

高 岩* 李星野 肖庆宪 杨会杰 严广乐

张 宁 刘建国

中级：

党亚峥 吴自凯

硕士学位获得者：

冯 璠 史文静 侯 磊 王亚东 叶青佩

苏树清 顾建忠 张 艳 姜剑梅 孔晓笛

余 刚 潘 雪 肖云湘

2016 年

博士点：

博士生导师（系统分析与集成）：

高 岩* 张卫国 杨会杰 陈庆奎 原三领

贾 高 刘建国 顾长贵

博士学位获得者：

姬雪晖 段西超 赵 瑜 邓世果 代业明

硕士点：

正高级：

高 岩* 李星野 肖庆宪 杨会杰 严广乐

张　宁　　刘建国

副高级：

顾长贵　　党亚峥　　吴自凯

硕士学位获得者：

丁　妍　　林坚洪　　张泼泼　　崔飞飞　　唐丽英

嵇友洋　　葛志鹏　　杜　松　　卓　娜　　裴　阳

朱永习

2017 年

博士点：

博士生导师（系统分析与集成）：

高　岩*　张卫国　杨会杰　　陈庆奎　　原三领

贾　高　顾长贵　李军祥

博士学位获得者：

李韶伟　　韩　非　　李忘言

穆图阿·史蒂芬·马库（MUTUA STEPHEN MAKAU）

邱　路　　许超群　　张清叶　　贾书伟　　王　刚

艾莉·阿卜杜拉·法基（ALLY ABDULLA FAKI）

硕士点：

正高级：

高　岩*　李星野　杨会杰　　严广乐

副高级：

顾长贵　　党亚峥　　吴自凯

硕士学位获得者：

金颖丰　　李哲丰　　顾朝娟　　叶兰洲

第三阶段：

系统科学（一级学科博士点/硕士点）

2018 年

博士点：

博士生导师（系统科学）：

高　岩*　　张卫国　　杨会杰　　陈庆奎　　原三领

贾　高　　顾长贵　　李军祥

博士学位获得者：

刘伯成　　庄科俊　　宋林森　　易　猛　　刘　帅

张　琏　　朱红波　　韩艳丽　　陈元媛

硕士点：

正高级：

高　岩*　　杨会杰　　严广乐

副高级：

顾长贵　　党亚峥　　吴自凯　　房志明

硕士学位获得者：

李圣楠	朱亚永	董智前	李宇飞	陈　静
郁明敏	程明杰	徐烈强	郭昕宇	赵　琳
刘雯雯	王梁玉	周　莉	陈　鹏	

2019 年

博士点：

博士生导师（系统科学）：

高　岩*	张卫国	杨会杰	陈庆奎	原三领
贾　高	顾长贵	李军祥	章国庆	

博士学位获得者：

王宏杰	李信利	杨　凯	方玉玲	吕剑峰
余兴旺	王江盼	李文静		

硕士点：

正高级：

高　岩*	杨会杰	严广乐	马　良

副高级：

顾长贵	党亚峥	吴自凯	房志明	孟　飞
倪　枫				

硕士学位获得者：

郭龙飞	马逸晗	孙龙龙	刘润瞻	张梦婷

高　雨　　郑旭峰　　郭良玉　　刘　华

2020 年

博士点：

博士生导师（系统科学）：

高　岩*　杨会杰　　陈庆奎　　顾长贵　　李军祥

博士学位获得者：

朱世钊　　许志宏　　张鲁潮　　杨　悦　　韩少勇

陶　莉　　黄　晨　　孟艳玲　　王世磊　　黄日朋

刘志敏　　吴　娇

硕士点：

正高级：

高　岩*　杨会杰　　严广乐　　马　良

副高级：

顾长贵　　党亚峥　　吴自凯　　房志明　　孟　飞

倪　枫　　韩小雅

中级：

张　广

硕士学位获得者：

周　振　　王　珏　　刘西林　　唐崇伟　　曹夏琳

顾翔玮　　王皓晴　　王　涛　　刘宝龙　　李菡菡

朱永先　　蒋　峰　　陆年生　　唐益翔　　于　晓

陈安石

2021 年

博士点：

博士生导师（系统科学）：

高　岩*　　杨会杰　　陈庆奎　　顾长贵　　李军祥

魏国亮　　房志明　　丁晓东　　顾春华

博士学位获得者：

傅家旗　　严水仙　　王婧娟　　吴明杰　　任恒刚

杨金根　　凌兴乾　　原冠秀　　周　欢　　高　见

顾东琴　　袁千顺

迈克尔·约瑟夫·里欧巴（Michael Joseph Ryoba）

硕士点：

正高级：

高　岩*　　杨会杰　　顾长贵　　马　良　　李军祥

房志明　　魏国亮　　钱　颖

副高级：

党亚峥　　吴自凯　　孟　飞　　倪　枫　　韩小雅

陈燕婷

中级：

张　广

硕士学位获得者：

许光耀	朱　宝	胡惠晴	张　凯	杨楚越
朱东旭	任　彪	李佳雷	黄嘉豪	秦贵秋
许有为	殷倩雯	高慧生	金　聪	杜　瑶
李　翠	赵元英	丁　悦		

2022 年

博士点：

博士生导师（系统科学）：

高　岩*	杨会杰	陈庆奎	顾长贵	李军祥
房志明	魏国亮	丁晓东	顾春华	

博士学位获得者：

芦智明　　张　粘

硕士点：

正高级：

高　岩*	杨会杰	顾长贵	马　良	李军祥
房志明	魏国亮	钱　颖	刘　斌	

副高级：

党亚峥　　吴自凯　　孟　飞　　倪　枫　　韩小雅

陈燕婷

中级：

张　广　　谢闵智　　黄中意

硕士学位获得者：

王　帆　　马浩燃　　邱海林　　候彩华　　郭军浩

任倩梅　　何　楠　　徐韵如　　李家慧　　李媛鸣

孟兵兵　　李泽朋　　许兴鹏　　郭明健　　周　璇

李　逍　　孙　杰

2023 年

博士点：

博士生导师（系统科学）：

高　岩*　杨会杰　　陈庆奎　　顾长贵　　李军祥

房志明　　魏国亮　　丁晓东　　顾春华　　钱　颖

薛禹胜

博士学位获得者：

李　帅　　王　萍　　蓝桂杰　　陈晓露

穆罕默德·侯赛因（Muhammad Hussain）

许　靖　　周　建　　汪明明　　王翠花　　喻婷婷

硕士点：

正高级：

高　岩*	杨会杰	顾长贵	马　良	李军祥
房志明	魏国亮	钱　颖	刘　斌	薛禹胜
丁晓东	赵来军	顾春华		

副高级：

党亚峥	吴自凯	孟　飞	倪　枫	韩小雅
陈燕婷	王美娇	刘　磊	廖　昕	刘媛华
倪　静	陶　杰	沐年国	张　广	

中级：

张　广	谢闵智	黄中意	王海英	郑　煜
盖　玲				

硕士学位获得者：

许玲丽	代帅帅	窦悦文	师　野	王　拢
吴万红	钟贤欣	刘尔丰	金晓辰	张　洋
黄　鹏	张会臣	田　赛	樊　蕊	李海冰
吴福田	沈永发	葛静沂		

附　在省市级及以上学术机构（曾）担任理事及以上人员

1. 国务院学科评议组（系统科学）

第七届评议组成员：

高　岩

第八届评议组成员（兼召集人）：

丁晓东

2. 中国系统工程学会

常务理事：

高　岩

理事：

杨会杰

系统动力学专业委员会秘书长：

钱　颖

3. 中国优选法统筹法与经济数学研究会

常务理事：

高　岩

4. 中国管理科学与工程学会

常务理事：

高　岩

5. 中国管理现代化研究会

理事：

高　岩

6. 中国复杂科学研究会

副主任：

杨会杰

7. 中国交叉科学学会

副秘书长：

杨会杰

复杂性科学专委会理事：

杨会杰

8. 上海市学位委员会学科评议组

（系统科学）第五届评议组成员：

杨会杰

9. 上海市非线性科学研究会

副理事长：

顾国庆　　严广乐　　高　岩

秘书长：

顾国庆

理事：

马　良　　李军祥　　顾长贵

10. 上海市系统工程学会

理事长：

丁晓东

常务副理事长：

高　岩

11. 上海市运筹学会

常务理事：

高　岩

12. 上海市自动化学会

理事：

魏国亮

13. 上海市高等教育学会

副秘书长：

丁晓东

14. 上海市产学教育学会

常务副秘书长：

丁晓东

15. 上海市数量经济学会

理事：

沐年国

3.3 培养计划与课程设置

3.3.1 系统科学（理学）博士培养方案

一、研究方向

（1）系统分析与优化。

（2）复杂系统调控。

（3）复杂网络与系统生物学。

（4）微分动力系统。

二、课程设置明细（见表 3.1）

表 3.1　系统科学（理学）博士培养课程设置明细表

课程类型	课程性质	课程代码	课程	开课院系	学分	总学时	开课学期	是否必修	多选组
学位课程	公共基础课程	15000809	学术研究综合英语	外语学院	3	54	秋季	必修	
		32000009	中国马克思主义与当代	马克思主义学院	2	36	秋季	必修	
		92000008	科学道德和学风建设	研究生院	1	18	秋季	必修	
	以上累计学分 $\sum = 6.0$								
	专业基础及专业课	13000012	高级决策科学	管理学院	2	36	秋季	必修	
		13000117	系统分析方法论	管理学院	2	36	春季	必修	
		13010056	集成体系工程	管理学院	3	54	秋季	必修	
		13010069	非线性科学	管理学院	2	36	春季	必修	
	以上累计学分 $\sum \geqslant 13.0$								
非学位课程	专业课程	13000013	非线性控制理论	管理学院	2	36	秋季	选修	
		13000024	非光滑优化及其应用	管理学院	2	36	春季	选修	
		13000045	混杂系统控制	管理学院	2	36	秋季	选修	
		13000089	系统生物学基础	管理学院	2	36	秋季	选修	
		13000113	稳定性理论	管理学院	2	36	秋季	选修	
		13000250	自组织理论	管理学院	2	36	春季	选修	
		13010030	复杂网络理论与应用	管理学院	2	36	春季	选修	
		13010031	复杂系统建模与仿真	管理学院	2	36	春季	选修	
		13010053	金融物理	管理学院	2	36	春季	选修	

（续表）

课程类型	课程性质	课程代码	课程	开课院系	学分	总学时	开课学期	是否必修	多选组
非学位课程	专业课程	22000062	变分原理与Sobelev 空间	理学院	3	54	秋季	选修	
		22000145	孤立子理论及应用	理学院	2	36	秋季	选修	
		22010028	非线性泛函分析	理学院	2	36	春季	选修	
		22010029	临界点理论及应用	理学院	2	36	春季	选修	
		22010049	常微分方程的几何分支理论	理学院	2	36	春季	选修	
		22010056	非线性发展方程与孤立子	理学院	3	54	春季	选修	
		92000006	前沿讲座类课程	研究生院	2	36	春季	必修	

以上累计学分 $\sum \geqslant 17.0$

3.3.2 系统科学（理学）硕士培养方案

一、研究方向

（1）社会经济复杂系统。

（2）复杂网络。

（3）系统分析与优化。

（4）系统生物学。

（5）大数据分析。

二、课程设置明细（见表 3.2）

表 3.2　系统科学（理学）硕士培养课程设置明细表

课程类型	课程性质	课程代码	课程	开课院系	学分	总学时	开课学期	是否必修	多选组
学位课程	公共基础课程	15000898	公共英语（学硕）Ⅰ	外语学院	1	36	秋季	必修	
		15000899	公共英语（学硕）Ⅱ	外语学院	1	36	秋季	必修	
		15000805	学术期刊文献阅读	外语学院	1	36	春季	选修	4选1
		15000806	英语期刊论文写作	外语学院	1	36	春季	选修	
		15000807	国际交流视听说	外语学院	1	36	春季	选修	
		15000808	学术英语口笔译	外语学院	1	36	春季	选修	
		32000006	中国特色社会主义理论与实践研究	马克思主义学院	2	36	春秋季	必修	
		32000007/32000008	自然辩证法概论/马克思主义与社会科学方法论	马克思主义学院	1	18	春秋季	必修	
		92000008	科学道德和学风建设	研究生院	1	18	秋季	必修	
	以上累计学分 ∑ = 7.0								
	专业基础及专业课	13000250	自组织理论	管理学院	2	36	春季	选修	
		13000256	系统科学与工程	管理学院	3	54	秋季	必修	
		13000267	非线性数学方法	管理学院	3	54	春季	选修	
		13000305	高级运筹学	管理学院	3	54	秋季	必修	
		13000311	概率论与随机过程	管理学院	3	54	春季	选修	
		13000314	信息经济学	管理学院	3	54	春季	选修	
	以上累计学分 ∑ ≥ 16.0								

（续表）

课程类型	课程性质	课程代码	课程	开课院系	学分	总学时	开课学期	是否必修	多选组
非学位课程	专业课程	13000011	随机系统动态分析	管理学院	2	36	秋季	选修	
		13000162	数理经济学	管理学院	2	36	秋季	选修	
		13000257	系统动力学原理	管理学院	2	36	秋季	选修	
		13000309	最优化理论与方法	管理学院	2	36	秋季	选修	
		13000313	图论与应用	管理学院	2	36	秋季	选修	
		13010122	生产系统建模与仿真	管理学院	2	36	秋季	选修	
		13010191	非线性科学基础	管理学院	2	36	秋季	选修	
		13010194	数据智能分析	管理学院	2	36	春季	选修	
		22000125	应用统计	理学院	2	36	秋季	选修	
		92000002	学术讲座与学术研讨	研究生院	1	18	春季	必修	

以上累计学分 $\sum \geqslant 30.0$

第4章 管理科学与工程（一级学科博士点/硕士点）

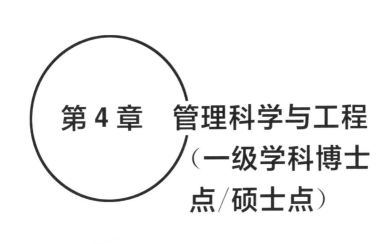

4.1 历史沿革概述

4.1.1 学科特点

"管理科学与工程"是我国管理学门类下的一级学科，包含管理科学、信息管理与信息系统、工程管理、项目管理、工业工程等一系列专业方向。

该学科覆盖面广，是管理理论与管理实践紧密结合的学科，主要运用数学建模、数理统计分析、实验、计算仿真、实际调研等方法，研究人类社会管理活动和各种现象的规律，尤其是同现代生产、经营、科技、经济、社会等发展相适应的管理理论、方法和工具；致力于培养学生具有扎实系统的管理理论基础与合理的知识结构，并运用系统分析方法及相应工程技术手段解决管理方面的有关理论与实际问题。

该学科为实现管理目标，应用工程技术学科、数理科学和人文社会科学等知识，对各种管理问题进行设计、评价、决策、改进、实施和控制。涉及的研究领域主要有：管理运筹与优化、信息技术与管理、对策理论及技术、知识管理、供应链管理、决策理论与技术、工业工程、金融工程、管理系统工程、管理复杂性、预测理论与技术、管理科学思想与管理理论、风险管理、评估理论与方法、数量经济理论与方法、服务管理技术、应急管理理论与方法、技术与创新管理、电子商务技术等。

管理科学与工程学科的发展趋势是面向经济与商业社会中更加复杂的系统与管理决策问题,研究其基本理论和规律、求解方法及管理技术。理论上主要从哲学与数学的再认知角度,研究管理科学的普适性、内在关联性和演化动力性等基本特征;方法与技术上主要综合信息技术与优化方法,研究组织运作与资源配置及其效率和效益的评价与决策、适应内外环境的体制与模式的选择与优化;研究途径上主要运用现代科学研究方法、技术手段和实验环境,针对更加错综复杂和快速发展的决策行为和管理世界问题,解释和发现社会与经济发展演变的客观规律。

4.1.2　发展历程

上海理工大学管理科学与工程学科源于 1979 年创办的系统工程系,当年,钱学森先生出席了成立仪式,并发表重要讲话。

1993 年,学校获批"工业工程"工学硕士学位授予权。1997 年,"工业工程"学科与"系统工程"学科归并为"管理科学与工程"一级学科硕士点，原"系统工程"二级学科硕士点单独另行招生。

1998 年，学校获批"管理科学与工程"博士学位授予权（一级学科，可授管理学、工学学位，全国第七批；学科代码：1201），按一级学科招生，并于 2012 年自设四个二级学科：管理系统工程、金融管理工程、企业管理工程、传媒管理。在 1998 年获批一级学科博士点同时，一并获批同名一级学科硕士点，按一级学科招生，不设二级学科。2005 年，获批"管理科学与工程"教师专职系列专业硕士学位授予权。

上海理工大学是国内较早招收"管理科学与工程"学科下"管理科学""工业工程""信息管理与信息系统"三个专业本科生的高校，具有本、硕、博完整的人才培养体系。几十年来，涌现出了一大批杰出校友和各行各业的管理科学与工程人才。

管理科学与工程学科拥有深厚的历史底蕴，业已形成社会影响力。多次主办了有重要影响的学术活动，出版了一系列专著和教材，在国内外发表了一大批有影响的学术论文，为推动我国管理科学与工程学科的发展做出了重要贡献。

4.1.3　部分人物简介

简介按进入学科时间先后排列。

（1）徐福缘（教授）

1948 年 9 月生。1976 年 12 月毕业于上海机械学院动力系，并留校任教；1984 年 12 月毕业于法国里昂第一大学，并获博士学位；1991 年 7 月破格晋升为教授。历任上海机械学院系统工程学院副院长，华东工业大学系统工程学院常务副院长、副校长，上海应用技术学院（现上海应用技术大学）校长，上海理工大学副校长（正局级），上海理工大学正局级巡视员，2014 年 12 月退休，2018 年 11 月 21 日因病去世。1998 年，领衔申报成功"管理科学与工程"（一级学科）博士点，使上海理工大学成为继复旦大学、上海交通大学、同济大学之后上海市第四家具有"管理科学与工程"博士研究生培养权的单位。2003 年，领衔申报成功"管理科学与工程"博士后流动站，成为继 1991 年后上海理工大学获批的第二个博士后流动站。曾先后获全国优秀教师、上海市劳动模范、上海市领军人才等荣誉称号，多次主持国家 863 项目与国家自然科学基金面上项目，获教育部科技进步奖、上海市科技进步奖等科技奖励 13 次。并曾先后担任中国管理科学与工程学会常务理事、中国冶金教育工程学会常务理事、中国系统工程学会教育系统工程专业委员会主任、中国系统工程学会教育与普及委员会副主任、中国软件行业协会系统工程协会副理事长、中国机械工程学会理事、中国系统工程学会理事、上海市高校工程训练教育协会理事长等一系列社会兼职工作。

（2）范炳全（教授）

1942 年 11 月生。享受国务院政府特殊津贴专家。历任系统工程研究所副所长、常务副所长、交通工程系主任、区域规划与交通运输系统研究所所长。1992 年 6 月创建交通系统工程学科（交通系统研究中心、区域规划与交通运输系统研究所），1996 年 9 月创建交通工程本科专业，1998 年参与申报成功"管理科学与工程"博士点，担任博士生导师，并创建交通系统工程博士方向。建立上海理工大学与加拿大蒙特利尔大学的长期校际合作，先后立项并高质量完成两期中加国际合作项目。曾获国家科技进步二等奖（1990）以及"上海市劳动模范"称号（2001）。

（3）钱省三（教授）

1944 年 9 月生。享受国务院政府特殊津贴专家。历任工业工程研究所所长、系主任、科技处常务副处长（1993—

1998）。曾主持校互联网设计建设工程，以及负责制定首个学校科研考核、奖励等系列管理制度，为学校科技管理奠定了基础。1998 年参与申报成功"管理科学与工程"博士点，并担任博士生导师。曾获国家科技进步二等奖和上海市科技进步二等奖各一项、上海市科技进步三等奖三项，并获电子工业部以及上海市科技攻关先进个人称号各一次。曾先后担任中国机械工业工程学会工业工程专业委员会委员、上海市机械工业工程学会上海市工业工程分会主任委员等社会兼职工作。

（4）王恒山（教授）

1948 年 2 月生。历任华东工业大学系统科学与系统工程学院副院长、上海理工大学管理学院副院长、常务副院长，管理科学与工程学科博士生导师。2006 年筹建新管理学院，组织相关力量，使学院先后获得"系统分析与集成"博士点、"管理科学与工程"和"系统分析与集成"两个博士后流动站，并获得应用经济学、工商管理、系统科学等多个一级学科硕士点以及工业工程等多个专业硕士学位点，同时还获批经济管理国家级实验教学示范中心。推动了上海系统科学研究院和上海系统科学出版社的建设，并推动申报成功"管理科学与工程"和"系统科学"两个学科为上海市重点学科。积极开展国际合作办学项目，多次举办国际学术会议，与美国、瑞典以及我国台湾地区多个大学建立学生交流项目，招收多名博士和硕士留学生，建立工商管理、信息管理与信息系统本科合作办学项目。

（5）严广乐（教授）

1957 年 2 月生。上海大学工业自动化系毕业（工学学士），同济大学电气自动化系毕业（工学硕士），上海交通大学管理学院毕业（管理学博士）。曾任上海理工大学管理学院系统科学与工程系主任、管理学院副院长，管理科学与工程学科博士生导师、系统科学学科硕士生导师。先后获机电部优秀科技青年（1992）、上海市高校优秀青年教师（1995）、中国机械工业青年科技专家（1995）等荣誉称号，以及上海市优秀博士论文指导教师（2012）、上海市普通高校优秀教材奖（2011）、贵州省科学技术奖自然科学三等奖（2020）等奖励。先后主持国家自然科学基金项目、国家科委"八五"重点科技项目、上海市地方项目在内的各类科研项目十多项。在《管理科学学报》《系统工程理论与实践》《系统工程》与 *Journal of Systems Science and Complexity* 等一系列学术刊物及有关国际会议上发表研究论文 200 多篇，出版专著和教材 3 部。曾先后担任上海市非线性科学研究会副理事长、中国系统工程学会系统动力学专业委员会副主任、上海市数量经济学会常务理事、上海市中西医结合学会系统医学委员会常务理事等多项社会兼职工作。

(6) 孙绍荣（教授）

1954 年 12 月生。享受国务院政府特殊津贴专家。华东师范大学博士。历任上海理工大学管理学院（学术）副院长、上海市高原学科"管理科学与工程"（第一期）负责人、管理科学与工程学科博士生导师。现上海市工程管理

学会理事长，曾任中国运筹学会行为运筹分会副理事长，并先后牵头申报成功"工商管理"（一级学科）硕士点（2010 年）、"工程管理（MEM）"专业学位硕士点（2011 年）。先后八次获高等学校优秀科研成果（人文社会科学）二等奖（著作类）、上海市科技进步二等奖、上海市哲学社会科学优秀成果二等奖（著作类）等科技奖励。

先后主持承担完成 6 项国家自然科学基金面上项目，其中 4 次获基金委项目优秀评价。独立撰写的《制度工程学》专著在被科学出版社出版后，又被国际权威学术出版社 Springer 免费出版了英文版。

（7）杨坚争（教授）

1952 年 10 月生。历任上海理工大学管理学院副院长、上海理工大学电子商务发展研究院院长，管理科学与工程学科博士生导师。2008 年领衔申报成功"教育部人才培养模式创新实验区——沪江创新创业人才培养实验区创新创业实验基地"，2016 年领衔申报成功"国家级虚拟仿真实验教学中心——上海理工大学现代企业运营虚拟仿真实验教学中心"。2010 年起参与联合国国际贸易法委员会"跨境电子商务网上争议解决程序规则"起草工作，2013 年主持全国人大财经委《中华人民共和国电子商务法》两个起草调研子项目，2015 年主笔起草《跨境电子商务交易网上争议解决：程序规则草案——中国的提案》。此后多次主持《中华人民共和国电子商务法（草案）》的起草和审稿等工作。2018 年 8 月 31 日，十三届全国人大常委会第五次会议表决通过《中华人民共和国电子商务法》。2013 年起，为学院设立了"沪杏教育基金"，支持上海理工大学电子商务实践基地建设，并举办了 6 届"沪杏杯"电子商务企业调研大赛。

(8) 周溪召（教授）

1964 年 11 月生。1988 年 7 月获同济大学应用数学理学学士学位，1991 年 4 月获同济大学组合数学理学硕士学位，1996 年 3 月获同济大学交通管理工学博士学位。2004 年 4 月至 2015 年 6 月任上海海事大学经济管理学院教授、博导、经济管理学院副院长、"项目管理"工程硕士教学中心主任。2015 年 7 月至 2017 年 2 月任上海理工大学管理学院教授、管理科学与工程学科博士生导师、交通与物流系统研究中心主任。2017 年 2 月至 2020 年 3 月任上海理工大学管理学院院长、院党委副书记，并为学院通过 AACSB 国际认证做出了重要贡献。2020 年年底病逝于上海。生前在管理科学与工程、交通运输系统工程、物流管理等领域（尤其是交通运输规划与管理、交通行为选择等方面）取得了一系列优异的成就，在国内外重要学术刊物和会议上发表各类学术论文 95 篇，先后主持完成国家自然科学基金面上项目 2 项、国家社会科学基金重大项目子课题 1 项、教育部高校骨干教师基金、上海市科委重点项目、上海市教委重点项目基金和上海市曙光计划、教育部博士点基金等各类纵

向和横向科研项目，并两次获上海市科技进步三等奖。曾
任中国管理科学与工程学会理事、上海系统工程学会常务
理事、中国系统工程学会教育系统工程分会副主任委员、
上海市城市规划学会理事、上海市交通委员会科技委专业
委员会委员等多项社会兼职工作。

（9）吴忠（教授）

1968 年 4 月生。1988 年 7 月毕业
于国防科技大学（工学学士），2005
年 7 月毕业于同济大学经济管理学院
（管理学博士），2010 年 6 月复旦大学
博士后出站，2012—2013 年为密歇根
大学迪尔伯恩分校高级访问学者。历
任上海工程技术大学管理学院院长、上海理工大学副校长。
现任上海对外经贸大学副校长、上海理工大学"管理科学
与工程"博士生导师。曾先后获上海市曙光学者（2006）、
上海市第五届教学名师（2009）、上海市领军人才后备人选
（2010）、宝钢优秀教师（2011）、上海市育才奖（2012）等
荣誉称号，以及上海市科技进步二等奖、三等奖，上海市
政府决策咨询研究成果一等奖、二等奖、三等奖，上海市
教学成果一等奖、二等奖、三等奖，上海市高校优秀教材
三等奖、上海市精品课程等各类奖励 20 多项。承担完成包
括国家社会科学基金重点项目、国家社会科学基金项目、

教育部哲社重大科技攻关、上海市人民政府招标重点、上海市哲社、上海市科委科技攻关重点、上海市教委文科重点、上海市经信委等在内的各类国家及省部级科研项目30余项。在国内外发表学术论文30余篇；出版专著和教材多部。并先后担任教育部管理科学与工程教学指导委员会委员（2013）、中国系统工程学会常务理事（2018）、上海市系统工程学会副理事长（2014）等一系列社会兼职工作。

（10）赵来军（教授）

1970年5月生。2004年毕业于西安交通大学管理学院，获管理学博士学位；2006年复旦大学管理科学与工程博士后出站留校工作；2012—2013年为美国康奈尔大学访问学者。曾先后在西安石油大学机械工程学院、复旦大学管理学院、上海大学管理学院、上海交通大学安泰经济与管理学院/中美物流研究院工作，历任上海大学管理学院副院长、常务副院长（主持工作）。现为上海理工大学"沪江领军人才"特聘教授，上海理工大学管理学院院长、院党委副书记，上海理工大学智慧应急管理学院执行院长，上海系统科学研究院执行院长，上海公共外交研究院副院长。2009年入选上海市教委"曙光计划"，2010年入选教育部"新世纪优秀人才支持计划"，2011 年入选上海市教育系统首届"科研新星"，2011 年获王宽诚育才奖，2014 年入选上海市"浦江人才"计划，2016 年入选上海交通大学"SMC-晨星青年学者奖励计划"（教授系列），2019 年担任上海交通大学《瞭望工作室》首席专家，2021 年起兼任上海市人民政府发展研究中心决策咨询专家（应急管理方向），2023 年入选上海市领军人才。近 15 年来，先后主持完成 53 项科研项目，其中，国家社会科学基金项目 2 项（含重点 1 项）、国家自然科学基金项目 5 项、省部级项目 14 项、上海市应急局（安监局）、上海市经委、上海市商委、上海市科委、上海市邮政局、上海市发改委、上海市政府发展研究中心及中国航油集团、中国长城工业总公司等各类企业委托项目 32 项。现任中国系统工程学会水利系统专业委员会副主任委员、中国系统工程学会教育系统工程专业委员会副主任、上海市系统工程学会第七届理事会副主任委员、中国地下物流专业委员会委员、中国科普作家协会应急安全与减灾科普专业委员会委员，曾任上海市学位委员会第四届学科评议组成员（管理科学与工程学科）、全国第三方物流服务分技术委员会委员、上海市物流协会专家委员会委员等一系列社会兼职工作。

4.2 主要师资与毕业生

以下是 1998 年迄今部分主要师资（校内招生导师）及毕业生名单。（注：人名后有 * 号的为学科带头人）

1998 年

博士点与硕士点：

正高级：

徐福缘*　　范炳全　　钱省三

副高级：

钱燕云　　叶春明　　蔡　鹏　　吴满琳　　徐维鼎
林　凤　　张正华

1999 年

博士点与硕士点：

正高级：

徐福缘*　　范炳全　　钱省三

副高级：

钱燕云　　叶春明　　吴满琳　　徐维鼎　　林　凤
张正华

硕士学位获得者：

陈永庆　　张　波　　施大伟　　苑　畅　　倪　静

毕小红　　许英力

2000 年

博士点：

博士生导师（管理科学与工程）：

徐福缘*　　范炳全　　钱省三　　孙绍荣　　顾新一

硕士点：

正高级：

徐福缘*　　范炳全　　钱省三

副高级：

钱燕云　　叶春明　　严　凌　　吴满琳　　周石鹏

姚　俭　　林　凤　　张正华

硕士学位获得者：

孙　明　　吕洪海　　邱　豪　　郭　强　　车京忠

蒋伟良　　沈先荣　　王　林　　蔡　津　　李　林

郭晓蕾　　钱　敬

2001 年

博士点：

博士生导师（管理科学与工程）：

徐福缘*　　范炳全　　钱省三　　孙绍荣　　顾新一

博士学位获得者：

李　敏

硕士点：

正高级：

徐福缘*　　范炳全　　钱省三

副高级：

钱燕云　　叶春明　　严　凌　　吴满琳　　周石鹏

姚　俭　　林　凤　　张正华

硕士学位获得者：

潘英杰　　徐建辉　　唐　勇　　盛　磊　　滕永春

顾红星　　冯仕杰　　何　莉　　黄爱国　　余洪亮

赵鸣雷

2002 年

博士点：

博士生导师（管理科学与工程）：

徐福缘* 范炳全 钱省三 孙绍荣 顾新一
马 良 严广乐 高 岩 雷良海 张 雷

博士学位获得者：

应 力 宋 良

硕士点：

正高级：

徐福缘* 范炳全 钱省三 钱燕云 叶春明

副高级：

严 凌 吴满琳 周石鹏 姚 俭 林 凤
张正华 王 波 田大钢

硕士学位获得者：

栾立军 高 正 张林刚 李宝强 张云健
姜春来 乔晓静 赵赟臻 谢卫宇 喻 剑
韩 路 项育华 柯 冰 张胜英 张 强

2003 年

博士点：

博士生导师（管理科学与工程）：

钱省三*（代理）　　徐福缘　　范炳全　　孙绍荣

顾新一　　马　良　　严广乐　　高　岩　　雷良海

张　雷　　王恒山　　叶春明　　张卫国　　陈敬良

顾　宝

博士学位获得者：

李　静　　綦振法　　于长锐

硕士点：

正高级：

钱省三*（代理）　　徐福缘　　范炳全　　钱燕云

叶春明　　楼文高

副高级：

严　凌　　吴满琳　　周石鹏　　姚　俭　　林　凤

张正华　　王　波　　田大钢　　李正明　　樊一阳

张　敏　　仲梁维

硕士学位获得者：

徐晓芳　　付雅琴　　陈国润　　顾一希　　王鸿宇

陈向平　　朱冬彦　　肖　滨　　孙纯怡　　徐　静

瞿立新　　李同吉

2004 年

博士点：

博士生导师（管理科学与工程）：

钱省三*（代理）　　徐福缘　　范炳全　　孙绍荣

顾新一　　马　良　　严广乐　　高　岩　　雷良海

张　雷　　王恒山　　叶春明　　张卫国　　陈敬良

顾宝炎

博士学位获得者：

徐　琪　　刘建香　　郑锦荣　　何　静　　魏　忠

李　硕

硕士点：

正高级：

钱省三*（代理）　　徐福缘　　范炳全　　钱省三

钱燕云　　叶春明　　楼文高　　仲梁维　　姚　俭

副高级：

王　波　　田大钢　　严　凌　　吴满琳　　周石鹏

林　凤　　张正华　　李正明　　樊一阳　　张　敏

吕文元　　李　林　　秦江涛

硕士学位获得者：

叶小卉	李大成	张　国	沐　阳	张　静
陶　毅	李春昌	贺凌倩	张旭磊	杨健鑫
邹　健	周铁荣	孙子捷	张　辉	郭红伟
俞　静	毛　翊	李　丑	李　芳	朱雨兰

2005 年

博士点：

博士生导师（管理科学与工程）：

钱省三*（2005.4 止）　　　徐福缘*（2005.5 起）

范炳全	钱省三	孙绍荣	顾新一	马　良
严广乐	高　岩	雷良海	张　雷	王恒山
叶春明	张卫国	陈敬良	顾宝炎	

博士学位获得者：

董洁霜	张林峰	张立涛	程钧谟	罗　艳
李　平	邵志芳	高　峰	李生琦	杜清玲
王　亮	丁　伟			

硕士点：

正高级：

钱省三*（2005.4 止）　　　徐福缘*（2005.5 起）

范炳全　　钱燕云　　叶春明　　仲梁维

副高级：

严　凌	吴满琳	周石鹏	林　凤	张正华
田大钢	樊一阳	郭进利	李　林	林　凤
吕文元	秦江涛			

硕士学位获得者：

梁德丰	梁　静	李　明	刘　玢	吴艳君
倪兆勇	王行兵	李　敬	张　远	周　云
潘　峰	杨　成	陈飞玲	胡　燕	梁　琳

2006 年

博士点：

博士生导师（管理科学与工程）：

徐福缘*	范炳全	钱省三	孙绍荣	顾新一
马　良	严广乐	雷良海	张　雷	王恒山
叶春明	张卫国	陈敬良	顾宝炎	葛玉辉

博士学位获得者：

崔雪丽	刘娟娟	吴晓层	彭本红	宁爱兵
李秀森	肖艳玲	吕智林	郭永辉	胡　若
纪利群	黄国轩	倪　明	吴晓伟	张文健
王平平	张晓莉	杨得前	赵文会	李守伟
赵志刚	胡建兵	敬　嵩	武传德	

硕士点：

正高级：

徐福缘*	钱省三	钱燕云	叶春明	仲梁维
田大钢				

副高级：

吴满琳	周石鹏	林 凤	张正华	樊一阳
郭进利	李 林	林 凤	吕文元	秦江涛
陈 荔				

硕士学位获得者：

李化寒	杨 杰	俞伟军	卢江滨	王 逊
秦小健	梅 慧	马金娜	李勇国	周 翔
朱 虹	许 冰	焦雪勐	陈智玲	李艳丽
张 伟	王路加	孙 峰	李玉东	陈 腾
黄晓萍	马慧民	李高雅	肖京晶	

2007 年

博士点：

博士生导师（管理科学与工程）：

徐福缘*	范炳全	钱省三	孙绍荣	顾新一
马 良	严广乐	雷良海	张 雷	王恒山
叶春明	陈敬良	顾宝炎	葛玉辉	

博士学位获得者：

刘明明	孟　薇	汪和平	高　勇	李　红
沈运红	柳　毅	罗鄂湘	陶　倩	葛　毅
谢春讯	张林刚	朱　刚	徐济东	张志元

硕士点：

正高级：

徐福缘*	钱省三	钱燕云	叶春明	仲梁维
田　大				

副高级：

吴满琳	周石鹏	林　凤	张正华	樊一阳
郭进利	李　林	林　凤	吕文元	秦江涛
陈　荔				

硕士学位获得者：

计　婧	匡罗平	刘魏巍	刘晓霞	钮轶君
彭　佳	任建华	孙方伟	吴　勇	闫　晶
张宏伟				

2008 年

博士点：

博士生导师（管理科学与工程）：

徐福缘*	范炳全	钱省三	孙绍荣	顾新一

马 良	严广乐	雷良海	张 雷	王恒山
叶春明	陈敬良	顾宝炎	葛玉辉	丁晓东
陈世平	宋良荣	张 永		

博士学位获得者：

廖燕玲	后 勇	厉 红	叶 英	刘 晶
周国雄	王殊轶	徐 莹	毛军权	王周缅
何胜学	章雅青	方 勇	唐卫宁	

硕士点：

正高级：

| 徐福缘* | 钱省三 | 钱燕云 | 叶春明 | 仲梁维 |
| 田 大 | | | | |

副高级：

吴满琳	周石鹏	林 凤	张正华	樊一阳
郭进利	李 林	林 凤	吕文元	秦江涛
陈 荔				

硕士学位获得者：

何洋林	夏梦雨	徐 哲	许圣良	张志辉
程秀彬	杨丽艳	李笛音	沈 剑	邵 瑜
王本川	王鸣涛	徐忆梅	黄 旭	曹 静
宁 凝	秦 臻	许 进	滕 跃	朱 烨
王翠萍	崔秀梅	艾 梅		

同等学力硕士学位获得者：

郑　睿　　石利琴　　楼佳云　　欧　鹏　　褚裕权

周　冰　　傅　为

2009 年

博士点：

博士生导师（管理科学与工程）：

徐福缘*　　钱省三　　孙绍荣　　顾新一　　马　良

严广乐　　雷良海　　张　雷　　王恒山　　叶春明

陈敬良　　顾宝炎　　葛玉辉　　丁晓东　　陈世平

宋良荣　　张永庆

博士学位获得者：

申相德　　苏一丹　　安俊英　　王　辉　　井彩霞

顾能柱　　刘彩虹　　冯润民　　林　凤　　李　林

张惠珍　　喻洪流　　张　瑾　　魏　遥　　傅翠晓

马慧民　　谢劲松　　毕雪阳

硕士点：

正高级：

徐福缘*　　钱省三　　马　良　　钱燕云　　王恒山

叶春明　　孙绍荣　　仲梁维　　田大钢　　郭进利

副高级：

吴满琳	周石鹏	林　凤	张正华	樊一阳
李　林	林　凤	吕文元	秦江涛	陈　荔
许晓兵	李　芳			

硕士学位获得者：

贾洪岩	肖福利	刘勤明	褚光磊	谢金华
孟祥辉	周　丹	霍丽娜	赖华伦	姜　丽
汪丽娜	陈　力	李晓东	孟彦君	朱露露
江玉龙	袁伟丽	魏　嘉	杨侃琦	傅家旗
张　楠	王焕玉	周晓花	宋　艳	屠万婧
吕淑金	韩　春	张　乐	蔡　茂	金　杰
廉　洁	王洪刚	何建佳		

同等学力硕士学位获得者：

王爱华	甘敏伦	曹凤英	黄文辉	朱于枫
朱亚彬	段　乐			

2010 年

博士点：

博士生导师（管理科学与工程）：

徐福缘*	孙绍荣	顾新一	马　良	严广乐
雷良海	张　雷	王恒山	叶春明	陈敬良
顾宝炎	葛玉辉	丁晓东	陈世平	宋良荣

张永庆　　郭进利　　杨坚争

博士学位获得者：

李　琪　　魏　资　　杨　进　　张爱阳　　施　若

张永忠　　李　霞　　陈辉煌　　王　淑　　王　卿

丁雪枫　　许　丹　　刘　璐　　刘立辉　　张　睿

秦焕梅　　杨建奇　　陈宁波

硕士点：

正高级：

徐福缘*　　马　良　　钱燕云　　王恒山　　叶春明

孙绍荣　　仲梁维　　田大钢　　郭进利

副高级：

吴满琳　　周石鹏　　林　凤　　张正华　　樊一阳

李　林　　林　凤　　吕文元　　秦江涛　　陈　荔

许晓兵　　李　芳

硕士学位获得者：

张　爽　　孟志雷　　马王厉　　陶　洁　　史　静

蔡　帅　　周　园　　曹瀚心　　商艳艳　　程倩倩

刘　婷　　黄天赦　　洪旭赟　　任雪洁　　吕敬辉

范文贵　　曾永刚　　宋书强　　徐灵敏　　贺小容

孙　立　　于明亮　　周章金　　叶　伟　　尤晓莎

曾永梅　　王　卿　　郝亮亮　　袁修竹　　张　恬

任志霞　　何　毅

同等学力硕士学位获得者：

徐　宏

2011 年

博士点：

博士生导师（管理科学与工程）：

徐福缘*　　孙绍荣　　顾新一　　马　良　　严广乐

雷良海　　张　雷　　王恒山　　叶春明　　陈敬良

葛玉辉　　丁晓东　　陈世平　　宋良荣　　张永庆

郭进利　　杨坚争

博士学位获得者：

陈　荔　　程婷婷　　戴天晟　　杜　平　　姜　雷

焦　玥　　孔　平　　匡　霞　　李　芳　　李香丽

刘媛华　　鲁　虹　　倪　静　　施　栓　　唐海波

唐　溯　　田　熠　　王宏伟　　王路帮　　王宪云

吴　兵　　吴信菊　　徐　卫　　袁红清　　张飞相

张慧文　　张昕瑞　　张新功　　宗利永

硕士点：

正高级：

徐福缘*　　孙绍荣　　马　良　　王恒山　　钱燕云

叶春明　　仲梁维　　田大钢　　郭进利　　吕文元

副高级：

吴满琳　　周石鹏　　林　凤　　张正华　　樊一阳

李　林　　林　凤　　秦江涛　　陈　荔　　许晓兵

李　芳

硕士学位获得者：

杨　丽　　李　晟　　叶　林　　吴路平　　王轶强

陆　颖　　季显武　　陆　静　　徐　琳　　周方军

张　璇　　崔荣波　　陈　雷　　王重玺　　曹　婧

高　蕾　　董丽君　　赵建伟　　袁思明　　段丽丽

胡金涛　　高　静　　赵　旭　　樊　超　　张　燕

张谋喆　　纪雅莉　　李　航　　耿文龙　　辛制高

王玉玺　　邱俊茹　　孙　懿　　张小青　　王志刚

郑　晴　　高鲁彬　　唐　静　　张朝国　　李玲悦

（高等学校教师）

张利江　　王应东

2012 年

博士点：

博士生导师（管理科学与工程）：

徐福缘*　　孙绍荣　　顾新一　　马　良　　严广乐

雷良海　　张　雷　　王恒山　　叶春明　　陈敬良

葛玉辉　　丁晓东　　陈世平　　宋良荣　　张永庆

郭进利　　杨坚争　　吕文元　　肖庆宪

博士学位获得者：

欧披昌（OU PHICHANG）　　　　支丽平　　王祥兵

杨卫忠　　何建佳　　刘　勇　　梁　超　　杨凤华

郭建华　　熊小华　　梁　莹　　陈悦明

硕士点：

正高级：

徐福缘*　　马　良　　王恒山　　钱燕云　　叶春明

孙绍荣　　仲梁维　　田大钢　　郭进利　　吕文元

副高级：

吴满琳　　周石鹏　　林　凤　　张正华　　樊一阳

李　林　　林　凤　　秦江涛　　陈　荔　　许晓兵

李　芳

硕士学位获得者：

陈雪莹　　蔻明顺　　张　杰　　陈栩婕　　钟汝鹏

冷昌盛　　吕　伟　　孙伦彬　　谢超强　　刘　晋

钱　匀　　王燕秋　　江　迪　　方　旋　　朱　伟

王艳灵　　路正国　　陈子皓　　陈伟霞　　李　萍

夏　亭　　张　伟　　宋玉强　　苏　莹　　王洪川

胡振兴　　常　明　　任堂中　　刘永杰　　韩健达

汪　琳　　段　辉　　李　超　　江　涛　　刘雪娇
王丽波　　罗辉停

（高等学校教师）

高　丹　　陈亚捷

2013 年

博士点：

博士生导师（管理科学与工程）：

徐福缘*　孙绍荣　　马　良　　严广乐　　雷良海
叶春明　　陈敬良　　葛玉辉　　丁晓东　　陈世平
宋良荣　　张永庆　　郭进利　　杨坚争　　吕文元
肖庆宪

博士学位获得者：

于　林　　尹苑生　　李明惠　　郑七振　　秦江涛
王科峰　　夏晓梅　　潘峰山　　李伟清　　黄文亮
袁　健　　殷　脂
迈克尔·刘易斯·维尔纳（MICHARL LEWIS WERNER）

硕士点：

正高级：

徐福缘*　孙绍荣　　马　良　　钱燕云　　叶春明
田大钢　　郭进利　　吕文元

副高级：

吴满琳	周石鹏	樊一阳	李 林	林 凤
秦江涛	陈 荔	许晓兵	李 芳	倪 静
郭 强	李军祥			

中级：

刘 臣

硕士学位获得者：

李群辉	魏欣丽	冷 瑞	张 雨	徐梦君
殷时鑫	顾倩倩	孟翠玲	乔 龙	周 涛
杨 娇	王 英	叶 佳	周 蓉	王凯燕
盛晓华	郑翠翠	何 源	王志省	倪维健
费鲁雯	李 佳	任思蓉	黄泽宇	韩跃生
韩 卓	漆玉虎	彭 帅	任 上	高春昌
王庆龙	张金凤	张立国	刘桂华	袁玉虎

（高等学校教师）

叶 静

2014年

博士点：

博士生导师（管理科学与工程）：

徐福缘*	孙绍荣	马 良	严广乐	雷良海
叶春明	陈敬良	葛玉辉	丁晓东	陈世平

宋良荣　　张永庆　　郭进利　　杨坚争　　吕文元

肖庆宪　　郭　强　　干宏程　　韩　印　　张　峥

博士学位获得者：

李　玲　　刘长平　　胡　伟　　武　澎　　柳　寅

何小锋　　荣鹏飞　　彭　勃　　张春生　　刘利敏

尼卡赫塔尔·纳维德（NIKAKHTAR NAVID）

李　煜　　李永林　　程海燕　　孟　媛

硕士点：

正高级：

徐福缘*　　孙绍荣　　马　良　　钱燕云　　叶春明

田大钢　　郭进利　　吕文元　　樊重俊　　樊一阳

郭　强

副高级：

吴满琳　　周石鹏　　李　林　　林　凤　　秦江涛

陈　荔　　许晓兵　　李　芳　　倪　静　　李军祥

张惠珍

中级：

刘　臣　　耿秀丽　　何建佳　　霍良安

硕士学位获得者：

常吉栋　　单大亚　　刘媛媛　　孟昭上　　岳增娜

张　力　　杜　贞　　樊玉杰　　黄丽娜　　屈欢欢

邵 凤	盛逍遥	张新波	郑姗姗	周继平
李淑晶	李 洋	凌远雄	刘晓芳	刘新惠
王 刚	王广雷	王 毅	谢圣荣	徐雪娟
周 琼	祝贺吟			

（高等学校教师）

孙小红

2015 年

博士点：

博士生导师（管理科学与工程）：

徐福缘*	孙绍荣	马 良	严广乐	雷良海
叶春明	葛玉辉	丁晓东	陈世平	宋良荣
张永庆	郭进利	杨坚争	吕文元	肖庆宪
郭 强	干宏程	韩 印	张 峥	周溪召

博士学位获得者：

戴 秦	宋志强	陈巍巍	束义明	黄志强
马淑娇	顾晓安	郭伟奇	余文君	李 响
袁国军	王继霞	刘秋岭	林菡密	熊 斌
王成亮	何 伟	赵志田		

硕士点：

正高级：

徐福缘*	孙绍荣	马　良	叶春明	田大钢
郭进利	吕文元	樊重俊	樊一阳	郭　强

副高级：

吴满琳	周石鹏	李　林	林　凤	秦江涛
陈　荔	许晓兵	李　芳	倪　静	李军祥
张惠珍	刘　臣	耿秀丽	霍良安	

中级：

何建佳

硕士学位获得者：

江海涛	季磊磊	张　乾	尹传美	周　宁
张　存	王玉洁	蒋雪瑛	马邦雄	娄元英
张一璐	李　倩	武超然	赵　静	葛　清
马艳芳	宋文君	郭琦婷	高艳子	李仁远
罗长见	程　骏	张　苗	毕媛媛	朱志伟
吴颖茂				

2016 年

博士点：

博士生导师（管理科学与工程）：

徐福缘*	孙绍荣	马 良	严广乐	雷良海
叶春明	蒍玉辉	丁晓东	陈世平	宋良荣
张永庆	郭进利	杨坚争	吕文元	肖庆宪
郭 强	干宏程	韩 印	张 峥	周溪召
樊重俊	高广阔	吴 忠		

博士学位获得者：

施勇勤	孙英隽	王从春	赵丙艳	庄子匀
谌 楠	张节松	王 林	项华中	刘喜怀
赵 辉	朱逸文	张大力	何 园	杨庆国
台德艺				

硕士点：

正高级：

徐福缘*	孙绍荣	马 良	叶春明	田大钢
郭进利	吕文元	樊一阳	郭 强	周溪召
樊重俊				

副高级：

吴满琳	周石鹏	李 林	林 凤	秦江涛
陈 荔	李 芳	倪 静	李军祥	张惠珍

刘　臣　　耿秀丽　　霍良安

中级：

何建佳

硕士学位获得者：

方潇洛	李金明	项甜甜	谢　伟	胡美春
张永凯	叶健飞	曹应茹	周立欣	赵　娣
王一凡	洪　佳	计　磊	岑晓雪	李祥祥
赵　娟	秦巧艳	胡春林	姜绵峰	房彩霞
童仁义	戚婷婷	包晓晓	胡　健	倪坤淼
陈娜苊	戴林莉	许婉婷		

2017 年

博士点：

博士生导师（管理科学与工程）：

徐福缘*	孙绍荣	马　良	严广乐	雷良海
叶春明	葛玉辉	丁晓东	陈世平	宋良荣
张永庆	郭进利	吕文元	肖庆宪	郭　强
干宏程	韩　印	张　峥	周溪召	樊重俊
高广阔	吴　忠	纪　颖		

博士学位获得者：

李国成　　赵　攀　　张安淇

汗·瓦吉德（KHAN WAJID）　　　裴英梅　　林　巍

李卓群　　董　克　　黄　霞　　谢乔昕　　贾天明

郑　军　　孙　蕾　　张艳楠　　顾忠伟

硕士点：

正高级：

徐福缘*　　孙绍荣　　马　良　　叶春明　　田大钢

郭进利　　吕文元　　樊一阳　　郭　强　　周溪召

樊重俊　　吴　忠

副高级：

李　林　　林　凤　　秦江涛　　陈　荔　　李　芳

倪　静　　李军祥　　张惠珍　　刘　臣　　耿秀丽

霍良安　　纪　颖　　干宏程　　何建佳　　刘勤明

硕士学位获得者：

西迈尔·杜曼（SYMAIYL DUMAN）　　　　　　盛真真

梁　广　　李　倩　　吴　思　　宋乃祥　　周　燕

赵　坤　　侯　蕾　　班胜杰　　刘　洋　　宋玉萍

弓晓敏　　郭东方　　张丽华　　吴　瑶　　田　琛

李　歆　　李亚琴　　郭晓猛　　李瑞秋　　王春梅

王育清　　金　阳　　周　卿　　陈　军　　方燕燕

李　帅　　李　鑫　　郭　雷　　王　润　　龚　明

郭燕君　　刘　昊

2018 年

博士点：

博士生导师（管理科学与工程）：

马　良*	严广乐	雷良海	叶春明	葛玉辉
丁晓东	陈世平	宋良荣	张永庆	郭进利
吕文元	郭　强	干宏程	韩　印	张　峥
周溪召	樊重俊	高广阔	吴　忠	纪　颖
霍良安				

博士学位获得者：

李剑锋　　管　萍　　孙　红

弗莱里·凯文·迈克尔（FLEARY KEVIN MICHAEL）

徐立萍	聂　静	潘　坚	安　芝	段楠楠
王付宇	杜龙波	艾维娜	王福红	杨　扬
索　琪	尹　诗			

硕士点：

正高级：

马　良*	叶春明	郭进利	吕文元	郭　强
周溪召	樊重俊	吴　忠		

副高级：

陈　荔	秦江涛	李　林	李　芳	倪　静
李军祥	张惠珍	刘　臣	耿秀丽	霍良安

| 纪 颖 | 干宏程 | 何建佳 | 刘勤明 | 刘 姜 |

硕士学位获得者：

宋浏阳	董雪琦	戴 璐	辜燕婷	李丹丹
肖子涵	王晓娜	朱泽超	王 丽	叶 勇
廖胭脂	袁胜超	杨瑜婷	戴子姗	刘海涛
齐涛涛	杨剑楠	孙 军	费杨阳	刘诗园
龚 晓	吴思思	史艳丽	陈 莉	李晶晶
徐 锦	黄书真	张亚楠	安咏雪	蒋 云
马晨阳	赵赛赛	黄 健	柳 池	房宏扬
宋心宇	郭文昌			

2019 年

博士点：

博士生导师（管理科学与工程）：

马 良*	严广乐	雷良海	叶春明	葛玉辉
丁晓东	陈世平	宋良荣	张永庆	郭进利
郭 强	干宏程	韩 印	张 峰	周溪召
樊重俊	高广阔	吴 忠	纪 颖	霍良安

博士学位获得者：

蔡逸仙	张 爽	朱 军	张 立	姚远远
马 涛	沈爱忠	杨云鹏	舒仕杰	李仁德
杨 枫	施明华			

马伦杰·睢鲁·奥达瓦·穆卡巴内

（MALENJE JAIRUS ODAWA MUKABANE）

硕士点：

正高级：

| 马　良* | 叶春明 | 郭进利 | 郭　强 | 周溪召 |
| 樊重俊 | 吴　忠 | 干宏程 | 李军祥 | 纪　颖 |

副高级：

陈　荔	秦江涛	李　林	李　芳	倪　静
张惠珍	刘　臣	耿秀丽	霍良安	何建佳
刘勤明	刘　姜

硕士学位获得者：

郝人毅	林亚男	张宝军	杨　珍	魏　菊
马　刚	丁　凡	梅　勋	李　雪	李燕侠
杨月琪	刘晓彤	段　俊	岳　强	胡小敏
王　运	闫　旭	万晓琼	郑亚南	焦慧杰
殷舟舟	吴健飞	唐　莉	彭苑茹	王婷婷
于艺迎	马　鑫	卢艳玲	李盼盼	孙冰杰
黄　松	孙亦凡	谢梦蝶	陈丽华	吴海春
常宁戈	邱华清	魏映婷	陆睿敏

阿萨曼尼·安妮塔（ASAMANY ANITA）

2020 年

博士点：

博士生导师（管理科学与工程）：

马　良*	丁晓东	赵来军	雷良海	叶春明
葛玉辉	陈世平	宋良荣	张永庆	郭　强
干宏程	韩　印	张　峰	樊重俊	高广阔
吴　忠	纪　颖	霍良安		

博士学位获得者：

沈小娟	毕建欣	兰　军	阮莉丽	

阿布罗克瓦·尤金（ABROKWAH EUGENE）

安特维·柯林斯（ANTWI COLLINS OPOKU）

张　丽	种大双	唐颖峰	万　能	吴晓霖
孟陈莉	廖玉清	王雅琼	郑秋红	郑　夏
刘德强	汤天培			

硕士点：

正高级：

马　良*	赵来军	叶春明	郭　强	赵来军
樊重俊	吴　忠	干宏程	李军祥	纪　颖

副高级：

陈　荔	秦江涛	李　林	李　芳	倪　静
张惠珍	刘　臣	耿秀丽	霍良安	何建佳

刘勤明   刘 姜   尹 裴

硕士学位获得者：

程邦录	尚苗苗	张瑶瑶	郭宏琪	华成旭
王会会	吴耀胜	梁耀洲	孙 权	宋彦秋
张沁莞	陈 慧	李勤敏	苏晓宝	李 雪
吴行斌	孙 旭	陈文俊	杨梦达	张 玲
洪 甄	赵 娜	杜晓婷	李祚敏	王 婕
潘 丽	朱晓杨	刘璐瑶	王会停	刘 欢
浦东平	孙 冉	吴铭德	吴梦凡	

2021 年

博士点：

博士生导师（管理科学与工程）：

马 良*	丁晓东	赵来军	雷良海	叶春明
葛玉辉	陈世平	宋良荣	张永庆	郭 强
干宏程	韩 印	张 峥	樊重俊	高广阔
霍良安				

博士学位获得者：

王倩楠	韩 锋	卢 莎	赵婉鹏	魏 欣
胡欣然	施振佺	马骁志	许秋艳	任剑锋
程英英	杭佳宇	董 君	耿凯峰	侯世英
谢超强	熊红林	曹 洁	姚 婷	

硕士点：

正高级：

马 良*	赵来军	叶春明	郭 强	樊重俊
干宏程	李军祥	霍良安		

副高级：

陈 荔	秦江涛	李 林	李 芳	倪 静
张惠珍	刘 臣	耿秀丽	何建佳	刘勤明
刘 姜	尹 裴	魏海蕊	赵敬华	朱小栋
智路平	李仁德			

硕士学位获得者：

刘亚凌	李永朋	郝宇辰	张 阳	卢天兰
姚晓童	林青轩	黄 耐	董雅芳	孙烨珩
吴远琴	位晶晶	蔡 浩	陈静娴	李 慧
邓春燕	周继儒	陈 玲	周 迅	李 娜
樊志娟	付亚芝	黎素涵	王佳钰	吴秀盟
徐 佩	徐 远	方 鹏	冀慧杰	黄 皓
吕晓磊	徐桂红	王 娟	李 平	李尚卿
刘 凡	金运婷	曾宁馨	殷芙萍	秦 斌
陈思静				

2022 年

博士点：

博士生导师（管理科学与工程）：

马 良*	丁晓东	赵来军	叶春明	葛玉辉
陈世平	宋良荣	张永庆	郭 强	干宏程
韩 印	张 峥	樊重俊	高广阔	霍良安
刘 斌				

博士学位获得者：

蔡 卉	冉翠玲	王俊芳	孙 娜	王传征
李新瑜	翁晓峰	李焕欢	杨 芸	

硕士点：

正高级：

马 良*	赵来军	叶春明	郭 强	樊重俊
干宏程	李军祥	霍良安	刘 斌	

副高级：

陈 荔	秦江涛	李 林	李 芳	倪 静
张惠珍	刘 臣	耿秀丽	何建佳	刘勤明
刘 姜	尹 裴	魏海蕊	赵敬华	朱小栋
智路平	李仁德	刘 丹	何胜学	

硕士学位获得者：

安艾芝	成舒凡	王宇倩	邢佳亮	魏紫钰
郑添元	金晓婉	王珊珊	周奕	李安林
卢汉松	包吉祥	鲁佳俐	张莉	何惠岚
相模	陈晓敏	姬丹丹	李成龙	张宁
李自然	杨君	陈云	谢志强	成卉
张雨晴	李宝帅	汤乐成	王珊珊	白梅
张雪	金腾宇	柯荣		

2023 年

博士点：

博士生导师（管理科学与工程）：

马良*	赵来军	叶春明	葛玉辉	陈世平
宋良荣	郭强	干宏程	韩印	张峥
高广阔	霍良安	刘斌	何建佳	耿秀丽

博士学位获得者：

李川	严瑛	王雯静	刘思	王政
韩烨帆	孙龙	成灶平	李艳	尚春剑

硕士点：

正高级：

马良*	赵来军	叶春明	郭强	干宏程
李军祥	霍良安	刘斌	耿秀丽	何建佳

刘勤明（沪江学者）

副高级：

李　林	李　芳	倪　静	张惠珍	刘　臣
刘　姜	尹　裴	魏海蕊	赵敬华	朱小栋
智路平	李仁德	刘　丹	何胜学	刘　勇

中级：

周亦威	王　可	潘　飞	哈辛搭（Hareesh）

硕士学位获得者：

欧　阳	程　亮	唐灵慧	曹书元

卡里科拉·玛莎·高顿斯

（MARTHA GAUDENCE KALIKELA）

徐佳铭	张宇恒	王　雨	孙功勋	张　艳
田颎卉	顾佳凤	张　琳	郑　荣	陈　亚
张　维	薛明远	何雯婷	刘　暄	夏　翔
侯　琼	林春雨	廖耀文	鲍秀麟	张　骏
孟世光	贺远珍	陈水侠	汪　洋	邵　颖
李　静	曹　慧	沈金金	王晨悦	吴　凡
吴　迪	王跃跃	谢宁静	李晓宇	陈东洋

附 在省市级及以上学术机构（曾）担任理事及以上人员

1. 教育部教学指导委员会（管理科学与工程）

委员：

吴　忠　　刘　斌

2. 中国系统工程学会

常务理事：

吴　忠

系统动力学专业委员会副主任委员：

严广乐

教育系统工程专业委员会副主任委员：

周溪召　　赵来军

水利系统专业委员会副主任委员：

赵来军

农业系统工程专业委员会副主任委员：

刘　斌

3. 中国管理科学与工程学会

理事：

周溪召

4. 中国运筹学会行为运作管理委员会

常务理事：

叶春明

5. 上海市学位委员会学科评议组

（管理科学与工程）第四届评议组成员：

赵来军　　马　良

（工商管理和农林经济管理）第四届评议组成员：

刘　斌

（管理科学与工程）第五届评议组成员：

叶春明

（交通运输工程）第五届评议组成员：

韩　印

6. 上海市系统工程学会

理事长：

丁晓东

副理事长：

吴　忠

秘书长：

赵来军

常务理事：

周溪召

理事：

叶春明

7. 上海市机械工程学会

理事：

叶春明

工业工程专业委员会常务副主任兼秘书长：

叶春明

工业工程专业委员会副秘书长：

刘勤明

8. 上海市交通工程学会

理事：

韩　印

9. 上海市城市规划学会

理事：

周溪召

10. 上海市工程管理学会

理事长：

孙绍荣

秘书长：

耿秀丽

理事：

叶春明　　张　峥　　赵敬华

11. 上海市公路学会

理事：

赵　靖

12. 上海市数量经济学会

常务理事：

严广乐

13. 上海市中西医结合学会

系统医学委员会常务理事：

严广乐

4.3　培养计划与课程设置

4.3.1　管理科学与工程（管理学）博士培养方案

一、研究方向

（1）管理系统工程。

（2）金融管理工程。

（3）企业管理工程。

（4）传媒管理。

二、课程设置明细（见表 4.1）

表 4.1　管理科学与工程（管理学）博士培养课程设置明细表

课程类型	课程性质	课程代码	课程	开课院系	学分	总学时	开课学期	是否必修	多选组
学位课程	公共基础课程	15000809	学术研究综合英语	外语学院	3	54	秋季	必修	
		32000009	中国马克思主义与当代	马克思主义学院	2	36	秋季	必修	
		92000008	科学道德和学风建设	研究生院	1	18	秋季	必修	
	以上累计学分 $\sum = 6.0$								

（续表）

课程 类型	课程 性质	课程代码	课程	开课院系	学 分	总 学时	开课 学期	是否 必修	多选 组
学 位 课 程	专业 基础 及专 业课	13000010	智能优化	管理学院	2	36	春季	选修	
		13000012	高级决策科学	管理学院	2	36	秋季	选修	
		13000020	行为系统管理	管理学院	2	36	秋季	选修	
		13000117	系统分析方法论	管理学院	2	36	春季	选修	
		13000270	复杂系统演化	管理学院	2	36	秋季	选修	
		13010204	管理研究方法论	管理学院	1	18	秋季	选修	

以上累计学分 $\sum \geqslant 13.0$

课程 类型	课程 性质	课程代码	课程	开课院系	学 分	总 学时	开课 学期	是否 必修	多选 组
非 学 位 课 程	专业 课程	13000095	信息管理与数据挖掘	管理学院	2	36	秋季	选修	
		13000118	人工神经网络及其应用	管理学院	2	36	春季	选修	
		13010160	金融与经济发展前沿	管理学院	2	36	春季	选修	
		13010181	现代交通规划理论前沿	管理学院	2	36	春季	选修	
		13010198	博弈论及其应用	管理学院	2	36	春季	选修	
		13010215	现代人工智能前沿	管理学院	2	36	春季	选修	
		92000006	前沿讲座类课程	研究生院	2	36	春季	必修	

以上累计学分 $\sum \geqslant 17.0$

4.3.2　管理科学与工程（管理学）硕士培养方案

一、研究方向

（1）管理系统工程。

（2）企业管理工程。

（3）信息管理与电子商务。

（4）人工智能及其应用。

二、课程设置明细（见表 4.2）

表 4.2　管理科学与工程（管理学）硕士培养课程设置明细表

课程类型	课程性质	课程代码	课程	开课院系	学分	总学时	开课学期	是否必修	多选组
学位课程	公共基础课程	15000898	公共英语（学硕）Ⅰ	外语学院	1	36	秋季	必修	
		15000899	公共英语（学硕）Ⅱ	外语学院	1	36	秋季	必修	
		15000805	学术期刊文献阅读	外语学院	1	36	春季	选修	4选1
		15000806	英语期刊论文写作	外语学院	1	36	春季	选修	
		15000807	国际交流视听说	外语学院	1	36	春季	选修	
		15000808	学术英语口笔译	外语学院	1	36	春季	选修	
		32000006	中国特色社会主义理论与实践研究	马克思主义学院	2	36	春秋季	必修	
		32000007/32000008	自然辩证法概论/马克思主义与社会科学方法论	马克思主义学院	1	18	春秋季	必修	
		92000008	科学道德和学风建设	研究生院	1	18	秋季	必修	
	以上累计学分 $\sum = 7.0$								
	专业基础及专业课	13000102	人工智能	管理学院	2	36	春季	选修	
		13000154	管理学	管理学院	2	36	秋季	必修	
		13000205	生产运作管理	管理学院	2	36	春季	选修	
		13000208	决策分析	管理学院	2	36	春季	选修	
		13000256	系统科学与工程	管理学院	3	54	秋季	必修	
		13000305	高级运筹学	管理学院	3	54	秋季	必修	
		13010005	大数据分析方法与应用	管理学院	2	36	春季	选修	

（续表）

课程类型	课程性质	课程代码	课程	开课院系	学分	总学时	开课学期	是否必修	多选组
以上累计学分 $\sum \geqslant 16.0$									
非学位课程	专业课程	13000015	组合优化	管理学院	2	36	春季	选修	
		13000053	预测与决策研究	管理学院	2	36	秋季	选修	
		13000080	算法导论	管理学院	2	36	秋季	选修	
		13000093	管理博弈	管理学院	2	36	春季	选修	
		13000103	对象工程	管理学院	2	36	秋季	选修	
		13000110	管理信息系统	管理学院	2	36	秋季	选修	
		13000125	进化计算	管理学院	2	36	春季	选修	
		13000180	行为科学	管理学院	2	36	春季	选修	
		13000182	企业资源计划（ERP，供应链，CRM)	管理学院	2	36	春季	选修	
		13000220	物流与供应链管理	管理学院	2	36	春季	选修	
		13010217	程序语言概论	管理学院	2	36	春季	选修	
		13010165	企业合作模式	管理学院	2	36	春季	选修	
		13010200	电子商务	管理学院	2	36	秋季	选修	
		92000002	学术讲座与学术研讨	研究生院	1	18	春季	必修	
以上累计学分 $\sum \geqslant 30.0$									

第 5 章 学科建设概况

5.1 系统科学学科建设

5.1.1 建设历史

系统科学（含系统分析与集成）的学科建设历史发展时间线如表 5.1 所示。

表 5.1　系统科学学科建设历史发展时间线

学科名称	批准级别	建设时间	负责人
系统分析与集成	上海市重点学科（第三期）	2009—2011	高岩
系统科学	上海市一流学科	2012—2014	高岩
系统科学	上海市高峰学科	2015—2017	高岩
系统科学	上海市高水平学科	2018—2020	高岩
系统科学	上海市高水平学科 含 6 个创新团队 （2021.10—2026.10）	2021—2023	高岩

"系统科学"学科于 1993 年获得理学硕士学位授予权，1995 年成为原机械部重点学科，是当时全国唯一的"系统科学"省部级重点学科。长期以来，通过学科布局不断优化，在 2006 年时，"系统分析与集成"二级学科获得理学

博士学位授予权，2018 年时，"系统科学"一级学科获得理学博士学位授予权，并于 2019 年获批博士后科研流动站。学科先后经历了上海市重点学科、上海市一流学科、上海市高峰学科、上海市高水平学科的持续建设，是上海理工大学唯一具有一级博士学位授予权的理学学科。

5.1.2　支撑平台

学科专用实验室面积达到 2 500 平方米，年科研和学科建设经费达 7 000 万元。其中包含国家级实验教学示范中心、国家工程研究中心和国家级虚拟仿真实验教学中心等国家级平台 3 项，教育部工程研究中心平台 1 项，此外还包含上海市科委研究中心、实验教学示范中心、人才培养模式创新试验区、人民政府决策咨询研究基地和大学生创新基地等多项支撑平台。

学科还拥有工业过程自动化国家工程研究中心、上海系统科学研究院、国家级经济管理实验教学中心。现为国务院学科评议组成员单位、中国系统工程学会教育专业委员会挂靠单位、上海市系统工程学会挂靠单位。

5.1.3　人才培养

近五年来，系统科学学科在校研究生人数逐年递增，目前已达 124 人，其中，博士生增加到 62 人，硕士生增加到 62 人。累计毕业 98 名研究生，其中，博士生 43 人，硕士生 55 人，均授予了学位。

学科积极开展与各大高校的合作，聘请校外兼职人员参与短期课程教学与联合指导研究生工作。在钱学森先生的支持和帮助下，学科与中科院系统科学研究所于 2005 年联合成立了上海系统科学研究院，郭雷院士连续十余年任院长，并于 2020 年转任研究院学术委员会主任，洪奕光、贾斌、韩战钢、段晓君、狄增如、张纪峰、高自友、李志斌、杨晓光等任委员。德国汉堡大学 C4 教授、德国汉堡科学院院士张建伟教授在本学科建立了机器智能研究院并担任院长，领导开展系统仿真与人形机器人开发研究工作，显著提升了学科人才培养质量。中国台湾"中央研究院"教授胡进琨同本学科复杂网络团队在语义网络分布研究方向取得一系列重要成果。此外，中国台湾大学王富正教授与本学科在集群无人机系统领域也开展了富有成效的研究。

五年来，学科研究生在 IEEE 和 SIAM 系列汇刊、《系统工程理论与实践》等国内外顶尖期刊发表高水平学术论文 200 余篇，平均 2 篇/人。学科持续鼓励学生积极参与国家自然科学基金项目等课题研究，深入服务中国航天、中国商飞等行业龙头企业的技术研发和攻关。在"华为杯"中国研究生数学建模大赛、全球工业互联网算法大赛等各类创新创业活动中，学科研究生获得了 30 多项国家级奖项。

5.1.4 科学研究

通过多年努力，学科相继形成了系统分析与优化、复杂系统调控、复杂网络与系统生物学、微分动力系统、交通系统工程等创新团队。其中，"复杂工业系统的控制与滤波算法研究"达到国际领先水平，"智能电力系统需求响应研究"等多项研究达到国际先进水平。两个方向达到国内领先水平，一个方向达到国际水平。

近年来，学科获批的国家级科研项目中，计有1项国家社会科学基金重点项目和24项国家自然科学基金面上项目。此外，还包含34项青年科学基金、1项数学天元基金以及40多项其他代表性科研项目。

学科目前形成了四个特色研究方向，承担了大量国家、上海市，以及企事业单位委托的科研项目。例如，魏国亮团队的"复杂工业系统滤波算法研究"获 IEEE SMC 学会安德鲁·萨奇（Andrew P. Sage）最佳汇刊论文奖；高岩团队的"智能电力系统需求响应机制研究"获美国 IBM 教师奖；杨会杰、顾长贵团队的"无标度网络结构节律强度研究"被美国物理联合会主页进行详细报道。在应用方面，充分发挥系统科学作为横断学科的特征，支撑了上海理工大学先进制造学科，加强了学科交叉，发挥了智库作用，解决了社会经济发展和工程实际中遇到的各类系统性问题。自 2016 年以来，承担了国家级科研项目 60 余项，获省部级以上科研奖 11 项，发表高水平论文 1 000 余篇，其中 SCI 论文 400 余篇。

此外，学科连续参与赴境外交流学习项目、国际学术会议和亚非留学生项目。自 20 世纪 80 年代起，就与世界众多顶尖高校、研究所先后建立紧密合作关系，选派研究生赴圣塔菲研究所、MIT 等国外众多顶尖高校、研究中心学习深造。近五年来，研究生境外学术交流活跃，积极参加 IEEE 大会、中国系统科学大会等高水平国内、国际会议并作口头报告，极大地丰富了学生的学术生活。2020 年初以来，学科积极与境外合作单位组织、开展线上学术讲座与课堂。在上海市地方高校高水平大学建设项目支持下，探索"师生学术共同体"的国际合作人才培养新模式，资助研究生导师带领 1～3 名研究生进行为期 3～4 周的国（境）外短期访问交流，效果显著。

5.1.5 社会服务

学科在瞄准国际理论前沿，开展原创性研究的同时，通过发挥系统思维和运用系统集成技术，积极服务社会重大需求、解决国家和上海市社会经济和工程技术问题，推动了系统科学的普及和发展。

在成果转化方面，对接社会重大需求，利用系统理论解决社会经济和工程技术问题。近五年，学科承担的国家、地方政府和企事业单位委托科研项目包括：智能制造技术服务平台建设、下一代智能人形机器人研发、城市地下大型综合体疏散救援技术和智能应急决策支持系统研究等。

学科联合组建的上海系统科学研究院，助力全国系统科学学科发展。主要工作包括：

（1）弘扬钱学森系统科学思想，召开了第一次全国性的"钱学森系统科学思想研究报告会"，出版了《钱学森系统科学思想研究》，并联合主办了纪念钱学森百岁诞辰的"系统科学论坛"，发行了《纪念钱学森诞辰一百周年特刊》。

（2）推动了复杂网络研究和应用，出版了第一部反映国内最高学术水准的专著《复杂网络》，举办了复杂网络研讨班，召开了全国第三届复杂网络学术会议并出版了《复杂网络理论与应用》会议文集和《人类动力学模型》，还主办了首届"复杂性科学：理论与应用"国际会议，推动了复杂网络领域的学术进展。

（3）建立了系统科学界与生物学界共同研究系统生物学的组织，成立了上海系统科学研究院系统生物学研究中心，举办了"复杂系统研究与系统生物学论坛"。

（4）连续主办了四届"中国系统科学大会"，推动了系统科学在全国范围内的发展。

　　自 2019 年以来，每年举办一届上海高校国际青年学者论坛（系统科学专场）；近五年共举办了 8 次国际或全国性系统科学学术会议，推动了我国系统科学的发展和国际交流；2020 年，学科主办了上海市大学生系统仿真建模案例大赛，提倡利用系统科学思想解决复杂社会经济和工程实践问题，来自各高校百余名大学生和研究生参加了比赛。

　　在科学普及方面，学科注重系统思维的普及与推广，服务社会公共公益事业。例如，学科组织团队参编了《中国大百科全书》系统科学卷，向社会公众普及系统科学知识等。编纂出版《中国大百科全书》是国家科学文化事业一项重要的基础性、标志性、创新性工程。2016、2017 年，学科又组织了近 10 人的团队参加《中国大百科全书》（系统科学卷）第三版的组稿和撰写工作。此外，还编写了国内第一部系统科学科普读物《系统科学科普读本》，有利于向青少年普及系统科学知识，有利于推动我国系统科学研究、完善国家知识体系建设、推动系统科学知识向社会公众的普及。

附　部分学术活动

【上海理工大学复杂系统科学研究中心成立】

2008 年 11 月 28 日，上海理工大学复杂系统科学研究

中心在系统楼 203 会议室举行成立大会。学校领导与中国
科技大学教授汪秉宏、北京师范大学教授狄增如、华东理
工大学教授周炜星等出席大会，上海市重点学科系统分析
与集成课题组成员、人事处与科技处相关领导、管理学院、
理学院、光电信息与计算机工程学院部分教师和研究生代
表近 200 人参会。

【上海理工大学举行 "弘扬钱学森系统科学思想" 学术研讨会】

2011 年 9 月 28 日，上海系统科学研究院在上海理工大
学举行了 "弘扬钱学森系统科学思想" 学术研讨会，纪念
钱学森百岁诞辰，缅怀钱学森开拓我国系统科学的丰功伟
绩，继承和发扬钱老留给我们的精神财富——钱学森系统
科学思想。郭雷院士、汪应洛院士，以及于景元、顾基发、
陈光亚、高小山、王浣尘等来自全国系统科学与系统工程
界的 30 多位专家代表与会，钱学森之子钱永刚先生应邀出
席会议。

【纪念钱学森百岁诞辰——系统科学论坛】

2011 年 12 月 2 日，上海理工大学和上海系统科学研究
院、上海市系统工程学会联合举办纪念钱学森百岁诞辰
"系统科学论坛"，《上海理工大学学报》（纪念钱学森诞辰
一百周年特刊）同时发行。上海系统科学研究院学术委员、

上海生命科学院王恩多院士、上海市系统工程学会常务副理事长于英川教授、上海交通大学王浣尘教授出席，上海市系统工程学会的专家代表以及来自各高校的师生代表70 多人参加了会议。

【首届全国系统科学博士生论坛】

2012 年 5 月 25～26 日，首届全国系统科学博士生论坛在上海理工大学管理学院举行。"全国博士生学术论坛"是我国研究生教育创新工程的重要项目，由国务院学位委员会办公室和教育部学位管理与研究生教育司主办。

【社会管理系统科学与工程研讨会】

2013 年 9 月 18 日，由上海系统科学研究院和上海理工大学管理学院举办的社会管理系统科学与工程研讨会在北京召开。戴汝为院士、刘源张院士、于景元研究员、顾基发研究员先后发言，并高度评价了系统科学与社会管理交叉研究的方向，对具体研究思路给出了指导。中科院系统科学所、中科院自动化所、中科院武汉物理数学所、中国社会科学院数量经济与技术经济研究所、中国航天系统科学与工程研究院、中国人民大学、华中科技大学、上海大学、国防科技大学、北京师范大学、上海理工大学的学者代表出席了会议。

【上海系统科学研究院工作会议】

2014 年 12 月 22 日，上海系统科学研究院工作会议在上海理工大学召开。上海理工大学校长、上海系统科学研究院理事长胡寿根，国际系统与控制科学院院士、上海系统科学研究院共同院长顾基发，中国科学院系统科学研究所所长、国务院学科评议组（系统科学）召集人、上海系统科学研究院副院长张纪峰，北京师范大学系统科学学院院长、国务院学科评议组（系统科学）召集人、上海系统科学研究院副院长狄增如等出席会议。我校系统科学学科部分教授参加了会议。会议由中科院院士、全国人大常委会副秘书长、上海系统科学研究院院长郭雷院士主持。

【系统科学学科建设研讨会】

2016 年 7 月 4～5 日，由全国系统科学学科评议组、上海系统科学研究院、上海理工大学联合举办的系统科学学科建设研讨会在上海理工大学召开。中国科学院院士郭雷以及来自全国系统科学学科的著名专家和系统科学学科点负责人等 40 余人参加了本次研讨会。

【第八届中国博弈论及其应用国际会议】

2018 年 9 月 21～23 日，第八届中国博弈论及其应用国际会议在上海理工大学召开。会议由中国运筹学会和上海理工大学主办、上海理工大学管理学院承办。中国运筹学会理事长、中国科学院数学与系统科学研究院胡旭东研究员，上海理工大学副校长吴忠教授，以及中国运筹学会副理事长、博弈论分会理事长、中国科学院数学与系统科学研究院杨晓光研究员共同担任会议主席。来自国内外多所高校、研究所的 300 多名学者出席了会议。

【首届沪江国际青年学者论坛暨上海高校国际青年学者论坛（系统科学专场）】

2019 年 4 月 20 日，作为庆祝上海理工大学系统工程研究所成立四十周年系列活动之一，首届沪江国际青年学者论坛暨上海高校国际青年学者论坛（系统科学专场）在上海理工大学图文信息中心召开。论坛由上海理工大学人事处主办、管理学院承办。教育部原副部长吴启迪、中科院院士王恩多、上海市教委副主任李永智、上海大学副校长（长江学者）汪小帆、长江学者李登峰、中国科学技术大学教授汪秉宏、上海系统工程学会理事长于英川以及来自荷兰、意大利、新加坡等国内外 60 余名嘉宾、专家学者出席。

【第二届沪江国际青年学者论坛暨上海高校国际青年学者论坛（系统科学专场）】

2020 年 11 月 8 日，第二届沪江国际青年学者论坛在上海理工大学大礼堂拉开帷幕。中国科学院院士郭雷、上海交通大学中美物流研究院名誉院长朱道立、西班牙皇家科学院院士大卫·里奥斯·因苏亚（David Ríos Insua）在主论坛作主旨报告，"复杂系统建模、仿真与优化""系统分析理论与应用""城市可持续交通系统优化与管理"三个分论坛通过线上方式同时举行。

【中国系统科学大会指导委员会暨上海系统科学研究院学术委员会换届会议】

2020 年 12 月 16 日，中国系统科学大会指导委员会暨上海系统科学研究院学术委员会换届会议在上海理工大学召开。中国科学院数学与系统科学研究院郭雷院士，两届国务院学位委员会系统科学学科评议组成员狄增如、张纪峰、高自友、洪奕光、贾斌、韩战钢、段晓君，以及中国系统工程学会理事长杨晓光等嘉宾出席。上海理工大学校长丁晓东、党委副书记顾春华、副校长吴忠，以及相关职能部处、管理学院系统科学学科教师代表出席会议。第五届中国系统科学大会承办单位东南大学组委会相关专家学者通过线上会议平台参会。

【中国系统科学大会指导委员会 2021 年第一次会议】

2021 年 4 月 19 日，中国系统科学大会指导委员会2021 年第一次会议在上海理工大学召开，同时通过网络会议平台举行线上会议。会议由中国系统科学大会指导委员会主任郭雷院士主持，指导委员会各成员及特邀嘉宾参会。

【国务院学位委员会第八届系统科学学科评议组第一次会议】

2021 年 4 月 19 日，国务院学位委员会第八届系统科学学科评议组第一次会议在上海理工大学召开。国务院学位委员会系统科学学科评议组成员丁晓东、贾斌、洪奕光、韩战钢、段晓君，以及上海对外经贸大学副校长吴忠、上海理工大学党委副书记顾春华、管理学院院长赵来军、系统科学学科负责人高岩及部分教师代表出席会议。与会专家听取了系统科学一级学科发展报告讨论稿，并就相关内容进行了深入研讨和交流。

【国务院学位委员会第八届系统科学学科评议组第二次会议】

2021 年 5 月 21 日，国务院学位委员会第八届系统科学学科评议组第二次会议在江苏省会议中心召开，学科评议组成员、特邀专家等出席会议。会议由国务院学位委员会系统科学学科评议组召集人、上海理工大学校长丁晓东主持。与会专家对系统科学一级学科发展报告讨论稿进行了深入分析，同时，会议还讨论了国务院学位委员会、教育部印发的《学位授权点合格评估办法》。

【上海系统科学研究院理事会换届会议】

2021 年 5 月 22 日下午，上海系统科学研究院理事会换届会议在江苏省会议中心召开。第三届理事会代表、第四届理事会成员及相关工作人员出席会议。会议审议通过了第四届理事会主要领导人选，并就新一届理事会工作展开讨论，达成了共识。

【第五届中国系统科学大会】

2021 年 5 月 22 日至 23 日，由上海理工大学校长丁晓东率队，校党委副书记顾春华、管理学院院长赵来军、副院长张峥，以及高岩等十余名教师、30 余名博士研究生一齐赴南京，参加在江苏省会议中心举办的第五届中国系统科学大会。会议由东南大学主办，来自全国各大高校的一千余名专家学者参会，丁晓东作为国务院学位委员会系统科学学科评议组召集人，代表评议组作大会致辞。

【第三届沪江国际青年学者论坛暨上海高校国际青年学者论坛（系统科学专场）】

2021 年 6 月 26 日，由上海市教育人才交流服务中心、上海市高校人才工作联盟主办，上海理工大学承办的第三届沪江国际青年学者论坛暨上海高校国际青年学者论坛（系统科学专场）在上海理工大学管理学院报告厅召开。上海市教育人才交流服务中心主任江明、南方科技大学覃正教授、北京交通大学高自友教授、同济大学杨晓光教授、上海理工大学校长丁晓东、校党委副书记顾春华、校职能部门负责人以及管理学院党政领导、学科负责人等出席了开幕式，日本中部大学 HAYASHI 院士、日本广岛大学张峻屹院士通过线上形式参加了论坛。

【国务院学位委员会第八届系统科学学科评议组第三次会议扩大会议（中国系统科学大会指导委员会会议）】

2021 年 12 月 10 日，国务院学位委员会第八届系统科学学科评议组第三次会议扩大会议暨中国系统科学大会指导委员会会议通过线上形式召开。系统科学学科评议组成员、中国系统科学大会指导委员会成员、特邀嘉宾及系统科学全国各学位点负责人参会。会议由国务院学位委员会系统科学学科评议组召集人、上海理工大学校长丁晓东主持。

【第六届中国系统科学大会】

2022 年 11 月 12 日，第六届中国系统科学大会（CSSC2022）在上海三甲港绿地国际会议中心隆重开幕。出席该届大会开幕式的领导、嘉宾有，军事科学院刘国治院士、国网电力科学研究院薛禹胜院士、东北大学唐立新院士、中国科学院数学与系统科学研究院郭雷院士、上海理工大学校长丁晓东、上海理工大学党委副书记顾春华、南通大学党委常委纪委书记陆国平、安徽工程大学副校长费为银、上海对外经贸大学副校长吴忠等。该届大会采用线上线下同步的方式进行，吸引来自全国各地的2 000余位专家、学者和学生参加会议，开幕式由顾春华主持。

【第七届中国系统科学大会】

2023年5月19日至21日，上海理工大学校长丁晓东带队参加在重庆召开的第七届中国系统科学大会等系列学术活动。上海理工大学特聘教授、博导薛禹胜院士，上海理工大学校党委副书记顾春华，管理学院院长赵来军，系统科学学科带头人高岩，以及管理学院四十余名师生随队参会。该次大会共吸引海内外200余个单位1 200余名领导、嘉宾、专家及学者参加。大会紧紧围绕系统方法论、系统演化论、系统认知论、系统调控论、系统工程及其他相关学科核心内容展开研讨。大会征文投稿共设38个领域，组织了20余个专题邀请组，共1 009篇论文被录用并编入程序册进行分组报告，其中，口头报告78组603篇、张贴报告406篇。会议还专门设置了会前专题讲座、大会报告、大会专题讨论等环节。薛禹胜院士作了题为《整体还原思维对整体保熵及还原减熵的无缝融合》的会前报告。

5.2 管理科学与工程学科建设

5.2.1 建设历史

管理科学与工程的学科建设历史发展时间线如表 5.1 所示。

表 5.1　管理科学与工程的学科建设历史发展

学科名称	批准级别	建设时间	负责人
管理科学与工程	上海市教委重点学科	2000—2002	徐福缘
管理科学与工程	上海市重点学科（第二期）	2006—2008	徐福缘
管理科学与工程	上海市重点学科（第三期）	2009—2011	徐福缘
管理科学与工程	上海市一流学科（B 类）	2012—2014	徐福缘
管理科学与工程	上海市高原学科（第一期）	2015—2017	孙绍荣
管理科学与工程	上海市高原学科（第二期）	2018—2020	马　良
管理科学与工程	上海市高水平学科 含 3 个创新团队 （2021. 10—2026. 10）	2021—2023	马　良

管理科学与工程是上海理工大学总体规划中的高水平学科之一，承担着学校高水平学科建设的重任。学科于

1998 年与复旦大学、上海交通大学和同济大学三所大学同期获得一级学科博士学位授予权（也是全国第一批），在上海地方院校中属第一家，并于 2003 年获批博士后流动站。先后被批准为上海市教委重点学科、上海市第二期与第三期重点学科、上海市一流学科和上海市第一期与第二期高原学科。2013 年以来，该学科所在管理学门类在中国大学排行榜系统中位列全国前 5%（A＋）；在全国第四轮学科评估中，位列前 10.16%（并列 19 位，B＋）。2018 年，作为认证主体学科之一，管理科学与工程助力上海理工大学成为大陆地区第 20 所、上海市第 6 所及非教育部高校第 1 所通过 AACSB 国际认证的大学。

5.2.2　支撑平台

在上海市的多轮学科建设资助下，目前的学科平台已形成一定规模，包括：国家级实验教学示范中心、国家级虚拟仿真实验中心、大学生创新基地/国家级创新人才培养示范基地、国家级经济管理实验教学中心（教育部），与上海市电子商务促进中心合作建设面向上海电子商务企业及行业发展的上海电子商务数据库，以及在现有电子商务实验平台基础上建设的公共电子商务教学服务平台等。同时，依托已有的国际合作关系，建立了特色鲜明、布局合理、整体竞争力强的人工智能管理理论与方法学科体系，正在建设面向智慧管理的人工智能决策支持系统平台。

5.2.3　人才培养

本学科历来重视创新型人才的培养，多次召开研究生教育思想大讨论，探讨新形势下创新型人才的培养模式。鼓励教师立足于创新能力培养理念，引导研究生进行创新型研究，在现有学科建设基础上逐步提升研究生的创新能力。2021 年，学院牵头修订了管理科学与工程专业培养方案（博士），并新增了"管理研究方法论""现代人工智能前沿"课程。近年来，在校生累计发表论文 600 余篇，平均 2 篇/学生，其中，多位博士生在 SCI 一区期刊和 SSCI 期刊上发表论文，并获评上海市优秀博士学位论文；有博士生先后 5 次在欧美多个国家举办的国际学术会议上作报告与交流；有博士生作为第二完成人获上海市科技进步二等奖；有来自非洲的博士留学生担任了"Take Ghana Far"组织的主任工作，为加纳东部社区提供免费医疗检查，获当地官方与民众好评；有硕士生在国际 SCI 期刊上发表论文以及获校优秀学位论文。

学生获包括中国研究生数学建模竞赛、美国大学生数学建模竞赛、"挑战杯"上海市大学生课外学术科技作品竞赛、中国"互联网＋"大学生创新创业大赛、全国大学生电子商务"创新、创意及创业"挑战赛等各类大赛在内的数百项奖励，且获奖类型遍及国家奖学金、优秀毕业生、优秀党团员、优秀志愿者（如首届中国国际进口博览会志愿者等）、空手道比赛第一名、青年摄影大赛优秀作品奖、心理情景剧大赛优胜奖等各个方面。

近五年间，学科先后获上海市教学成果奖 3 项（跨学科合作）、国家级精品在线开放课程 1 项、市教委重点课程 7 项、市教改项目 2 项、市级实验项目 1 项、上海市育才奖 2 人次。2018 年，"金融学"获批上海市精品课程；2019 年，"管理科学"获批一流本科"双万计划"，"工业工程"获批上海市属高校应用型本科试点专业，"人工智能"获批新增本科专业；2020 年，"人力资源管理"获批首批国家级一流本科课程，并于 2021 年获荐教育部虚拟教研室试点建设项目，同时入选上海市学生德育发展中心百门示范课程。

5.2.4 科学研究

学科目前已形成多个特色研究方向，承担了大量国家、上海市，以及企事业单位委托的各类科研项目。在运筹与智能优化理论、算法及技术应用方面，主要致力于将现实中的决策问题转化为数学模型，研究和开发有效的智能优化算法进行求解，从而获得最佳决策与战略，并探究相关决策优化问题的理论机制与特性，获得一系列有益的结果。

因研究多年来持续不断，已多次获国家自然科学基金、教育部人文社科基金、上海市科研创新重点计划等项目的资助，相继取得较好成果；在企业供应链管理理论、方法与应用方面，基于目前大数据时代的企业供应链背景问题，主要采用数学建模（包括确定性模型与随机模型）、博弈论、经济分析与计算实验等方法，侧重研究供应链库存管理、供应链渠道管理、供应链物流与信息管理等方面的问题，在分析、求解、验证等多个方面，对相关现实问题作出了合理解释，为企业提供科学的解决方案；在新型企业战略发展理论与方法方面，致力于企业正确定位并规划企业战略，从企业团队到企业贸易策略等各个方面进行管理创新，通过制度层面、决策环节、流程体系等理论与分析研究，获得了一系列有益的结论；在金融、经济与社会管理理论及应用方面，综合运用复杂网络科学、管理科学、经济和行为科学及工程方法，并结合信息技术，研究解决社会、经济、金融等方面的管理问题，先后在超网络理论结构、金融经济行业体系、智能电网定价、污染治理等一系列研究中，通过建模、推导、论证、实验，获得了有益的理论结果及具有应用参考价值的结论。

近年来，学科在科学研究上取得了一系列重要的特色性成果，例如，分别在国内外重要出版社出版了带有开创性贡献的《制度工程学》专著并由此获教育部和上海市的科技成果二等奖；为上海虹桥机场开发的智能机场信息系统研究成果获中国机械工业科学技术奖二等奖；主持商务部《中国电子商务发展报告》撰写并参与联合国电子商务法案的商讨；自 2020 年初以来撰写了几十份参政议政专报，并先后被各级政府机构采纳。先后获批国家自然科学基金、教育部人文社科、上海市哲社、上海市软科学等各类纵向科研项目几十项；发表 SCI/SSCI/EI/CSSCI 及基金委管理学部 30 种重要期刊等论文数百篇，含 ESI 高被引（含热点论文）多篇；出版各类专著和教材达几十部。

5.2.5　社会服务

学科长期重视社会服务贡献，充分发挥智库作用，积极为国家建言献策，为企业管理提供咨询服务，参与行业标准与规划制定，服务行业发展，创办学术组织，培训行业人才等。例如，2016 年举办的"行为运筹国际研讨会"，吸引了国内外近 200 名学者参加；2019 年举办的"2019 面向上海未来经济发展的系统管理理论与方法上海市研究生学术论坛"，与会师生 300 余人。杨坚争教授参与《中华人民共和国电子商务法》起草工作，分别主持商务部《中国电子商务报告》和上海市商委《上海市电子商务报告》撰写工作，先后 11 次担任联合国国际贸易法委员会中国首席专家并多次被重要媒体报道。赵来军教授自 2020 年初以来，撰写了几十份参政议政专报，并先后被中宣部等各级政府机构和主要领导以及多个媒体采用，其中 1 份获国家领导人批示。吴忠教授成功建设并获批上海市人民政府决策咨询研究基地——基于互联网＋的上海创新发展研究基地，致力于为上海全球科创中心建设提供科学的决策咨询和智力支持。孙绍荣教授创办上海市工程管理学会并担任会长工作，为学科与行业发展、科学普及、成果转化、人才培训、服务社会做出了重要贡献。樊重俊教授及其团队发挥技术优势，完成智能机场信息系统开发的相关任务，并取得多项国际先进水平的成果。

附　部分学术活动

【2008 系统管理国际会议】

2008 年 5 月 30 日，上海理工大学管理学院主办的 2008 系统管理国际会议顺利召开，并由英国的 World Academic Press 正式出版了论文集（图 5.1），其中，徐福缘教授任主编，孙绍荣教授、马良教授、严广乐教授、高岩教授任副主编。

【2011 国际超网络与系统管理学术会议】

2011 年 5 月 29～30 日，由上海理工大学管理学院超网络研究中心、管理科学与工程（上海市第三期重点学科）、

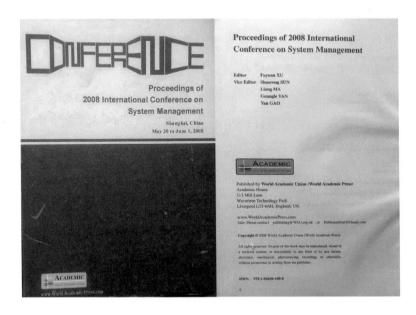

图 5.1　2008 系统管理国际会议论文集

美国马萨诸塞大学超网络研究中心、美国纽约州立大学奥斯维格分校联合主办,上海理工大学管理学院承办的2011 国际超网络与系统管理学术会议顺利召开。来自美国、荷兰、中国等国家和地区的一百多位嘉宾和代表出席了会议。大会由徐福缘教授与董琼教授共同主持。上海市前副市长、上海市人大常委会前副主任、上海市现代服务业联合会会长周禹鹏、中国工程院院士汪应洛、上海理工大学副校长陈斌、中国管理科学与工程学会常务副理事长马庆国、美国西北大学哈尼·马赫马萨尼（Hani

Mahmassani）教授和同济大学朱道立教授等在开幕式上分别致辞，并由汪应洛和周禹鹏共同为超网络研究中心的成立揭牌。

【2012 企业创新能力研究论坛】

2012 年 12 月 8 日，以"提升企业创新能力，促进转型发展"为主题，学科成功举办了"2012 企业创新能力研究论坛"。来自中共上海市委宣传部、上海市经济与信息委员会、上海微创医疗器械（集团）有限公司、上海光华印刷机械公司、复旦大学等 20 多家企业及高校领导和师生共同参与了论坛。该次论坛得到了政府、企业及相关方向研究学者的广泛关注，为上海理工大学管理科学与工程学科创新创业相关方向的研究与发展起到了积极的推动作用，同时也为全国企业在创新能力研究领域探索科学前沿问题，提供了有益的学术交流平台。

【第六届行为运筹学与行为运作管理国际研讨会】

2014 年 12 月 15～16 日，第六届行为运筹学与行为运作管理国际研讨会（The 6th International Workshop on Behavioral Operations Management）在上海理工大学召开。约 200 名来自美国、奥地利、德国、加拿大以及中国的清华大学、南京大学、北京航空航天大学、大连理工大学、东南大学、天津大学、南开大学、东北大学、中国科学院大学、中山大学、北京理工大学、中南大学、华北电力大学、中国矿业大学、南京理工大学、燕山大学、中央财经大学、复旦大学、上海交通大学、同济大学等约60所高校的专家教授及博士生参加了会议。会议由上海理工大学管理学院与清华大学工业工程系联合举办，孙绍荣教授担任大会主席，明尼苏达大学（University of Minnesota）的崔海涛教授、北卡罗来纳州大学（North Carolina State University）的方述诚教授、清华大学的赵晓波教授担任大会联合主席。

【2015 互联网环境下工程教育发展论坛】

2015 年 12 月 8 日，2015 互联网环境下工程教育发展论坛在上海理工大学召开。该届论坛由上海市高校工程训练教育协会、上海市工程管理学会、中国系统工程学会教育系统工程专业委员会以及上海理工大学管理学院联合举办。论坛旨在推进互联网环境下的工程教育发展，两百多名来自各行各业的代表参会。论坛开幕式由上海理工大学徐福缘教授主持，教育部发展研究中心马陆亭主任，上海市教卫党委副书记、市教委副主任高德毅教授，上海市现代服务业联合会周禹鹏会长，上海理工大学校长胡寿根教授，上海市高校工程训练教育协会副理事长杨若凡教授，上海理工大学管理学院常务副院长高岩教授参会并分别致辞。

【中国系统工程学会教育系统工程专业委员会第十七届学术和工作年会】

2018 年 8 月 4～5 日，由上海理工大学管理学院承办的中国系统工程学会教育系统工程专业委员会第十七届学术和工作年会顺利召开。会议以"新时代教育发展与系统工程"为主题，来自华中科技大学、同济大学、大连理工大学、东华大学、北海艺术设计学院、上海理工大学等近 20 余所高校、科研院所的专家、委员参会。

【交通科学、数据与核心技术论坛】

2018 年 11 月 17 日，由中国交通运输管理研究会、上海市力学学会交通流及数据科学专业委员会等单位主办、上海理工大学管理学院承办的"交通科学、数据与核心技术论坛"在上海理工大学成功举行。来自同济大学、上海大学、复旦大学、上海理工大学、上海海事大学、东北林业大学等高校交通科学领域的学者 40 余人汇聚一堂，以学术报告形式进行了热烈、深入的学术交流。管理学院周溪召院长致欢迎词，并介绍了学院交通学科的历史、现状和特色。

【上海市"面向上海未来经济发展的系统管理理论与方法"研究生学术论坛】

2019 年 6 月 22～23 日，2019 年上海市"面向上海未来经济发展的系统管理理论与方法"研究生学术论坛在上海理工大学管理学院成功举办。论坛由上海市学位委员会办公室主办,上海理工大学研究生院和管理学院承办。校党委副书记盛春、管理学院党委书记汪维、副院长张永庆、管理科学与工程学科负责人马良,以及部分校外特邀专家出席。来自全国 14 所高校的 200 余名研究生参加了该次论坛。2019 年上海市研究生学术论坛合影如图 5.2 所示。

图 5.2 2019 年上海市研究生学术论坛合影

【2020 全球电子商务大会发布《2019—2020 中国电子商务发展报告》】

2020 年 9 月 9 日,"2020 全球电子商务大会"在厦门国家会展中心开幕。上海理工大学管理学院樊重俊教授在会上发布了《2019—2020 中国电子商务发展报告》。

【2020 上海管理科学论坛】

2020 年 12 月 19 日，由上海市管理科学学会主办，包括上海理工大学在内的长三角地区 20 余家商学院（管理、经管学院）联合举办的 2020 上海管理科学论坛于上海影城成功举行。论坛聚焦"技术驱动的管理变革"，来自全国高校和商学院的院长、业界知名学者以及数字化领域的领军人物等逾 700 位嘉宾齐聚一堂，共话数字经济时代的管理变革。上海理工大学出席嘉宾有：管理学院副院长张峥教授、副院长何建佳副教授、智慧工程研究中心主任樊重俊教授、东方学者杨会杰教授等。同时，上海理工大学管理学院还主办了"人工智能技术与产业"分论坛，分论坛由樊重俊教授主持，杨会杰教授、周亦威博士等分别围绕人工智能议题发表了主题演讲。

【2021 "读懂中国" 国际会议】

2021 年 12 月 1～4 日，2021 "读懂中国" 国际会议在广州市举行。该次大会主题为："从哪里来，到哪里去——世界百年变局与中国和中国共产党"，来自全球各国政界、学界和企业界的数百位杰出代表齐聚羊城进行深入研讨和交流。数字经济是此次会议的热点之一，上海理工大学管理学院樊重俊教授应邀参加了系列活动并就我国数字经济与智能制造发展情况进行了发言，对我国《"十四五"信息化和工业化深度融合发展规划》中的一些发展指标做了解读，针对如何基于 5G＋工业互联网进行智能制造模式创新给出了建议。

【中国系统工程学会教育系统工程专业委员会第 19 次学术会议】

2021 年 12 月 25 日，中国系统工程学会教育系统工程专业委员会第 19 次学术和工作年会暨"破五唯与教育评价改革"学术研讨会在线上顺利召开。会议由中国系统工程学会教育系统工程专业委员会主办、上海理工大学管理学院承办。来自华中科技大学、大连理工大学、浙江大学、天津财经大学、同济大学、华北电力大学、西安理工大学、东华大学、滇西科技师范学院、上海理工大学等 30 余所高校及科研院所的近 60 余名专家学者参加了会议。

【上海管理科学系列分论坛】

2022 年 5 月 14 日，上海管理科学论坛上海理工大学分论坛成功举办。上海管理科学论坛组委会联席主席、上海管理科学学会理事长、同济大学经济与管理学院原院长霍佳震教授致辞，管理学院张峥副院长主持，信管系主任樊重俊教授和副主任刘勇副教授受邀参加，并分别作"数字经济下的工业互联网与智能制造战略规划"与"可解释人工智能研究进展"的专题报告。

5.3　结束语

　　上海理工大学一代代管院人辛勤耕耘、默默奉献，在人才培养、科学研究、社会服务、文化传承创新等方面开拓进取，四大学科门类、六大一级学科融合发展，成绩斐然。2018 年，学院通过 AACSB 国际认证，成为国内首个通过国际精英商学院协会认证的高水平地方高校，2023 年又通过了五年一次的再认证。目前正在致力于更多的国际专业认证，努力使学院逐渐发展为中国位居前列的精英商学院。

　　学院秉承责任、融合、创新、卓越的办学理念，遵循系统思维全局观，充分发挥多学科交叉融合优势，持续强化管理科学、系统科学等学科优势，协同交通工程、工商管理、应用经济学、公共管理等学科一起发展，进一步推进国际化办学，为国家培养具有扎实学术功底、强烈社会责任、创新精神和全球视野的优秀人才。